諜

無法地帯

暗躍するスパイたち

勝丸円覚
著
山田敏弘
構成

実業之日本社

はじめに

スパイは、あなたのすぐそばにいる。

現実世界はもちろんのこと、エンターテイメントの世界でもスパイは頻繁に登場する。ところが、そのスパイという「ジャンル」は、本来の活動の重要性や深刻度がきちんと語られることがないまま、イメージが一人歩きしてきた。そんなぼんやりとしたイメージではない本物のスパイの姿をできる限り知ってもらいたいという思いが、本書をまとめる最初のきっかけとなった。

またもうひとつ、本書をまとめた理由がある。それは日本のスパイ対策に問題点が多いことだ。

スパイの実態を語る際に、多くの人が意識していない事実がある。それは、国家や企業から機密情報や知的財産を盗もうと暗躍するスパイが存在するところには、必ずスパイの活動を食い止めようと尽力している人たちが存在することである。

私は警視庁公安部外事課（通称：外事警察）に２０００年代から所属していた。外事警察ではスパイ・テロ対策に従事し、スパイを追跡する「スパイハンター」として、街の中に溶け込んで活動を続けてきた。日本でスパイ対策をしている公的機関はいくつかあるが、外事警察は、逮捕権・捜査権をもつ法執行機関として最前線でスパイと戦っている。

さらに一時期、私は外事警察から外務省に出向してアフリカ某国の日本大使館の警備対策官として勤務した経験もある。そして帰国後は、日本にある150カ国以上の外国大使館と警察との連絡担当を担ってきた。

本書では、外事警察としてスパイと対峙してきた経験と、外国大使館とのつながりのなかで触れてきたスパイの実態をもとに、私が見てきた日本で活動するスパイの姿を浮き彫りにする。

加えて、「スパイハンター」として活動している際に、それぞれの場面で共通して思うことがあった。それは、スパイハンターの人手があまりにも不足していることだ。スパイやテロ容疑者を追うなかで、次々と新たな情報や状況に接していくことになる。しかし、それらの情報を深掘りしたくとも、それに対応できる体制になっていない。

海外の日本大使館に勤務していた際には、現地でたくさんの情報を収集して、外務省を経由して警察庁に報告していた。だが、そうした情報について適切に対応されたのはほんの一握りにすぎなかった。現場経験が長い私には、その理由が人手不足であることは容易に想像できた。日本で在日大使館との連絡役をしている時も、さまざまな情報を見聞きした。その都度、警察の関係部署に情報提供をしたが、残念ながら、ほとんど対応されることはなかった。

別の言い方をすれば、外事警察に人手と活動の予算がもっとあれば、いま以上にスパイ・テロ事案を摘発することが可能である。

読者の皆さんにぜひ知ってほしいことのひとつは、報道されていないスパイ・テロ事案が大量にあり、外事警察が事前に潰した事案がたくさんあるということだ。スパイ行為がスパイハンターに見つかり、スパイとしての出世の道が閉ざされて、意気消沈して帰国するスパイを私は何人も見てきた。

とはいえ、外事警察のこうした努力も虚しく、外事警察が把握している数ある不審情報のなかで、捜査を行えるのは情報の確度が高いものだけに限定されているのが現状だ。だが、スパイ活動についての情報は、はじめから堅いものばかりではない。つまり、数多くのスパイ・テロ情報が、手つかずのままになっているということだ。

こうした日本の惨状を、外国人スパイやテロリストは決して見逃さない。スパイにとって、日本は「スパイ活動防止法」のような法律もない「天国」に見えるだろう。外事警察が迫ってくる怖さはあまりなく、スパイ活動を気づかれたとしてもスパイ行為を罰する法律がないので、刑法などの法令に触れなければ逮捕されることもない。これこそが、日本は「スパイ天国」と呼ばれる所以《ゆえん》のひとつだ。

外事警察のスパイハンターたちは、こうした厳しい条件の下で、黙々とスパイやテロリストを日夜、追いかけているのである。

本書ではそのほかの問題点も取り上げ、日本が対峙している外国人スパイの実態を紹介し、脅威についても触れていく。それが、日本がこれからスパイにどう対処していくべきかを考えるきっかけになれば幸いである。

一章では、私が外事警察時代にどんな任務についていたかを紹介したい。

二章では、日本の情報機関について深掘りしたい。スパイを語る際に忘れてはいけない対外情報機関について触れる。なぜ日本にはアメリカのＣＩＡ（中央情報局）やイギリスのＭＩ６（ＳＩＳ＝秘密情報部）のようなスパイ機関が存在しないのか。一方で、スパイハンターたちが所属する公安警察など日本の防諜《ぼうちょう》機関にはどんなものがあるのか見ていこう。

三章では、なぜ日本がスパイ天国であるといわれるのか、実際のケースを参考に解読していきたい。

四章から六章は、日本に入っている各国の情報機関について紹介したい。外国の情報機関員はそれぞれが何の目的で日本にいて、どんな動きをしているのかについて迫る。

そして最後の七章では、産業スパイ活動への対策を軸に経済安全保障の現実について触れながら、日本が今後、スパイに対してどのような対応をしていくべきかを考察したい。どうすれば、「スパイ天国」の汚名を払拭できるのだろうか。

本書を読んだ後には、スパイが私たちの社会と未来に及ぼす甚大な脅威について痛感してもらえるはずだ。もう、スパイがやりたい放題に動いている現実から、日本人は目をそらしてはいけないのである。

勝丸円覚

目次

一章 実録！私の外事警察物語 15
大手ショッピングモールにスパイあり 16
最初の任務はロシアスパイ捜査 19
半年の尾行、2年以上かかる任務は当たり前 24
犯罪だらけのアフリカ某国で大使館の警備 26
麻薬カルテル情報でネタを吸い上げる 28
事前にイスラム過激派のテロを把握 33
命を懸けた海外での接触 34
二章 世界から遅れている日本の情報機関 37
お互いに情報を隠し合う日本の情報機関 38

自衛隊の秘密組織「別班」は実在する 41
金正男の来日情報を一番に摑めなかった公安 43
スパイ防止法は日本国民を監視する法律だと勘違いされている!? 47
FBIが驚愕した公安の尾行・監視技術 52
警視庁の国際テロデータがネットに流出 56

三章 日本を食い荒らすスパイたち

日本を食い荒らすスパイたち 61
スパイが入国する際は申告制 62
外務省が把握できないスパイは大量にいる 65
スパイに公安の自宅がバレると猫の死体が届く!? 68
CIA支局長が断言「日本はスパイが活動しやすい国」 70
尾行・盗聴・ハッキング・・・スパイ活動の実態 74
集めた情報は秘密の通信手段で自国に送る 79
中華料理屋の店主・クリーニング屋・・・スパイの協力者たち 80

協力しなければ家族に危険が及ぶ恐怖のリクルート手段 83
日本でも起きる暗殺事件 87
恵比寿駅と大塚駅で尾行を撒くロシアスパイ 90
G7広島サミット開催前はスパイが激増 93

四章

CIA・MI6の日本活動 97

アメリカ
住宅ローンのため手当ほしさに危険国に赴任する情報機関員 98
CIAに協力している日本人は多くいる!? 103
CIA幹部は日本政府中枢の人間と会っている 105
持ち出し不可、目で覚えることしか許されないテロ情報 107
CIA VS. 北朝鮮サイバー攻撃部隊 109
在日アメリカ大使館に現れた不審者 110

イギリス
リアル007「MI6」 113
北朝鮮が絡んでいるかもしれない核情報 115
MI6が一番日本に協力者を忍ばせている!? 118

五章

日本にとって最大の脅威国家
中国・ロシア・北朝鮮

121
中国
日本では数万人規模の中国スパイが活動している 122
在日ウイグル人を密かに弾圧しようとしている 126
中国人留学生にスパイ行為をさせることがある 128
中国がスパイを潜入させている日本企業は多数ある 132
日本の有名女優似の留学生がハニートラップを仕掛ける 135

秋葉原にある在日中国人を違法に取り締まる「海外警察」 138
通信傍受するスパイ拠点が恵比寿にある 141
中国企業には情報を抜かれている⁉ 144
ロシア
日本人と見分けがつかないロシアスパイがいる 145
金品を渡して協力者を作っていく 148
狙われた東芝の子会社社員 153
日本のドラマに出演していたロシア人俳優がスパイだった 156
神経剤や放射性物質で暗殺するのが常套手段 160
北方領土・夢の国・・・プーチンは日本にこだわる 162
ウクライナ侵攻後、日本で見せたロシアスパイの不穏な動き 166
北朝鮮
将軍様の命令を待つ部隊「スリーパー」が日本に潜伏している 167
日本人のビットコインを盗む北朝鮮ハッカー 171
蓮池薫さんを拉致したのは、ある日本人の戸籍を奪った北朝鮮人だった 175

六章

舞台裏に潜む情報機関

舞台裏に潜む情報機関 177

韓国
韓国は日本で拉致事件を引き起こしたことがある 179

イスラエル
暗殺・・・手段を問わないモサドは日本に協力者を多く抱えている 183

オーストラリア
オーストラリア情報機関員は皆日本語がペラペラ 186

トルコ
モサドのスパイを何人も摘発できる組織 190

ドイツ
日本赤軍の関係者を追っている 191

フランス
日本からロシアや中国に流れる軍事情報を調べている 193

オランダ
アフリカ某国での核施設襲撃事件でいち早く情報を摑んだ 195
パキスタン
MI6も敬意を払う情報機関「ISI」 196
ファイブ・アイズ
日本は入れてもらえない一部国家間のスパイ協定 198

七章
日本、スパイ天国からの脱却 201
日本企業を狙うスパイ退治のため外事警察が本格的に動き出した 202
世界の情報機関との正式窓口が日本にはない 207
1990年代～2000年代にイスラム過激派が日本に潜伏していた 210

解説 山田敏弘 216

一章

実録！私の外事警察物語

大手ショッピングモールにスパイあり

カーチェイスや銃撃戦、優雅な晩餐会、超ハイテク機器――。一般的にスパイといえば、映画やドラマに登場する魅力的な人たちを想像するかもしれない。ただそうしたイメージは、現実のスパイたちの生活からは対極にある。フィクションで描かれてきた派手なスパイの姿は、かなり実態とかけ離れている。

そもそもスパイとはどんな人たちなのか。外事警察としてさまざまなスパイを見てきた私は、そんな質問をされることがある。

スパイは決して特別な存在ではない。というよりも、特別な存在であってはいけない、とでも言うべきだろうか。皆さんの生活のなかにも自然と溶け込んでいて、おそらく簡単には見つけることができない。日本にいる外国人スパイたちは、都市部だけでなく、観光地などにもいたりする。賑わいのある地方の都市に出没することも多い。例えば大阪は、関西国際空港があり外国からのアクセスもいいので、スパイたちが活発に集まる場所でもある。しかもそこから西にも東にも動きやすいこともポイントだ。

また、日本に来ていたある国の情報機関員は、私に白川郷に行ってきたと話していたことがある。わざわざ日本の訪れてみたい土地で協力者と会う約束をして、ついでに観光もしてくるのだ。日本にスパイを駐在させている国では、自国から関係者が会いに来れば、接待も兼ねて観光地に連れて行くこともある。

首都圏でいえば、東京のベッドタウンとして知られる立川でもスパイの姿が確認されている。大きなショッピングモールはスパイに好まれる場所であり、首都圏にある米大手倉庫型店でスパイが協力者に接触を行っていたこともあった。郊外の店舗ゆえ、スパイや協力者が密会する穴場だと見られている。

ある時こんなことがあった。警視庁公安部がスパイを尾行していた。すると、郊外の米大手倉庫型店に到着したスパイは慣れた手つきで会員証を提示して店舗内に入っていくではないか。尾行チームは焦って「誰か会員証は持ってないか！」と声を掛け合ったが、結局、誰も持っておらずスパイの動きを見逃す羽目になった。

関東にある大手ショッピングモールでも、スパイが協力者と接触していたことがあった。外事警察がマークしていたロシアスパイと、その協力者となっていた精密機械企業の日本人社員のケースだ。その2人を2班で監視していたところ、別々の時間帯に大手ショッピングモールに入ったのだが、2人は非常階段に入った。そこで私たち捜査員も追尾をしていたのだが、そこまでついていくとバレてしまうので、外で待っているしかなかったが、非常階段ではフラッシュ・コンタクト（すれ違い様にものを手渡すこと）をしていたのだと睨んでいた。その出来事の後も、ロシアスパイに対する尾行は継続していたが、結局、日本人との接触はしなくなった。多分こちらの動きに気づいて手を引いたのだろう。

スパイは、車で移動する場合もあれば、電車で移動することもあるが、結局は駐車場で接触したり、買い物をするふりをして時間差で店舗に入って接触したりする。ショッピングモールは、エレベーターや階段、エスカレーターがあちこちにあるために追いにくい。しかも、大きなモールとなるとちょっと街から外れたところにあることが多く、地方の管轄警察署ではそこまでカバーしていない。スパイは、都市部から離れることで、自由に動きやすくなることをわかっている。さらに言えば、巨大テーマパークでもスパイが協力者に接触する姿を確認している。

スパイは日本各地に出没し、暗躍している。あなたがどこにいようとも、すぐ隣にスパイがいる可能性はある。

最初の任務はロシアスパイ捜査

私が日本の安全を守るために警視庁に入庁したのは、１９９０年代のことだ。それから通算で20年以上、警察官として勤務してきた。

これまでの警察人生で主に公安畑を歩んできた私だが、20年のうちの半分近くを「外事警察」の捜査官として過ごした。外事警察とは正式名称を「警視庁公安部外事課」とする公安組織で、外国による対日工作やスパイ活動、外国勢力による国際テロを捜査している。外事警察というと、人目につかぬよう極秘の任務をしているというイメージを持っている人も少なくないだろうが、メインの仕事は、外国からのテロの脅威を捜査して未然に食い止め、日本の国家機密や企業の知的財産を盗み出そうとするスパイを監視・捜査することである。

スパイ活動に対する捜査は、「防諜活動」ともいわれる。外事を担当しているのは警察庁警備局外事情報部、警視庁公安部外事一〜四課（一課：ロシアなど、二課：中国など、三課：北朝鮮など、四課：イスラム過激派など）、東京に１０２ある警察署の公安係、そして各都道府県警の公安課または公安係だ。

外事警察として任務を始めた頃に担当した、とある事件を私はいまだに忘れられない。ロシアスパイを対象とした極秘の捜査を担当することになったのだが、警察官の身分を明らかにすることはできなかった。名前も肩書も変えて名刺を作り、完全な別人になりすました。その秘匿《ひとく》捜査では、協力者以外の人と会うことはないし、ましてや、情報収集のためであっても他国の情報機関とやりとりすることは許されない。そうして地道に、スパイの動きをじっと、そして執拗に探るのである。そのロシアスパイを追う任務によって、防諜の仕事とはどういうものなのか身をもって学んだ。

入庁から10年ほどすると、私はアフリカ某国の日本大使館に勤務する辞令を受けた。一度警察庁警備局外事情報部外事課に籍を移してから、外務省に出向する形で、現地の日本大使館に勤務する外交官や大使公邸の警護を担当することになったのである。海外の日本大使館に赴任する際は、経産省や財務省出身でも皆、外務省に出向する形を取る。赴任先での私の身分は「警備対策官兼領事」だ。領事とは外交官の一種で、大使館でパスポートやビザを扱う大使館職員で、窓口業務も行う。窓口業務をすると、ビザ申請に来た人などいろいろな人に会うことになる。

大使館と一口にいっても、その本来の役割を知らない人もいるだろう。大使館は、特命全権大使が駐在国で公務を執行する在外公館だ。国の代表として駐在国との外交ルールを定める重要な任務を担っている。また、貿易や投資、文化交流の促進、広報活動などを通じて駐在国との間で良好な関係を保持する。大使は政府の名で発言したり、約束を交わす権限を持っており、駐在国との外交交渉や在留邦人の保護と監督を行う。なお、領事館は大使館とは異なり、首都以外の主要都市に設置されることがほとんどだ。首都から離れて暮らす自国民の保護や外交業務、情報収集、国際交流などを幅広く行うのが目的だ。

現地では、警備担当のかたわら、各国から赴任している外交官や情報関係者たちと会う機会もあった。その中には各国が送り込んでいるスパイもいた。また、現地の情報機関から、国内外の情勢についての情報収集も行っていた。要するに、警備担当の外交官として赴任しながら、情報活動も積極的にやっていたのである。ただそこでは、外事警察の頃とは違って、自分の本名を同僚の外交官や現地の日本人にも知らせる必要がある。ところが、そこには問題が生じる。どういうことかというと、大使館勤務で顔も名前もすべて晒してしまったことで、大使館での任期が終わって帰国した後、警視庁に戻っても、秘匿捜査に復帰することは許されないのだ。素顔を晒して表の人間になってしまった者には、外事警察の防諜活動は務まらないのである。

そこで、帰国後は警視庁公安部外事課の「大使館担当」という部署に配属された。そこでは、在日大使館と警視庁や警察庁との橋渡しを担当するリエゾン（連絡係）になった。はじめの1年間は先任がいて一緒に動いていたが、残り数年間は班長を任された。外事警察の大使館担当は、外事課の一課、二課、三課、そして公安部そのものにもいるが、班長はすべての課からの要請を受け、連絡係をする。また、東京には150カ国以上の外国大使館が存在しているが、大使館におけるトラブル処理なども担うことになった。

外国へ赴任する外交官は「ウィーン条約」に基づいて外交特権が認められている。外交官にはその特権があるので、接受国（受け入れる国）で罪を犯しても何ら責任を負う必要はない。接受国も外交官の身体は不可侵であると条約で認めているので、警察が外交官を逮捕することもできない。またウィーン条約では、接受国は各国の大使館と外交官を保護する義務まで定めており、大使館が多く集まる首都・東京を管轄する警視庁が大使館の安全を守る必要がある。私の役割は警備の面から大使館の安全を確保することだった。

ただこれは、あくまで表向きの仕事だ。その裏では、警視庁の公安部長や警察庁からの命令を受けて、各国の大使館との橋渡し役も担っていた。そんなことから、各国が日本に配置している情報機関の関係者ともやりとりをするようになったわけだ。

私は当時、いくつかの名刺を使い分けていた。情報機関関係者には本当の肩書「警視庁公安部外事課大使館担当」を記した名刺を渡し、それ以外では、「警視庁公安部」と「警視庁外事課」と分けて、相手によって名刺を変えていた。

「大使館担当」として務めた数年間、私はできる限り大使館に足を運んで、大使館との連絡窓口を確保して関係構築をはかった。実はそこに力を入れたのにはわけがある。夜間無人の大使館で非常ベルが発報した際に、大使館へ安否確認をするための連絡窓口がきちんと確保されていないことが判明したからだ。それでは大使館の安全を守ることができないので、改めて大使館との連絡窓口を確保しようとしたのである。

大使館の中には、多種多様な政治的立場の人たちがいる。反体制の立場の職員がいたり、在日の同胞の集まりを仕切っている人がいる。そうした外交官や職員の動向は、実は外事課にとっても関心事なので、私は「大使館の安全担当」として接触しながら、情報収集をしていた。

数ある大使館の中でも、特にF国大使館は要注意だった。というのも、F国内では野党と与党が激しく対立しており、それは日本国内のF国人コミュニティ内でも同様だったたからだ。そういう背景から、大使館前でF国人同士が殴り合いになることもあった。だからこそ、警察としてはコミュニティの動向を常に把握しておく必要がある。「今度、銀座でおたくの国に絡んだデモの予定があるよね？　あれには出るの？」などとF国外交官と話しながら、動向を調べるのである。またそういう人たちと頻繁にやりとりをする中で、東京での生活などについてプライベートな相談事も受けるようになり、貸し借りができてくる。これも情報活動だといえるだろう。

半年の尾行、2年以上かかる任務は当たり前

公安の仕事は、正直言うと精神的にも肉体的にもきつい。

私の場合、日本の公安で長年勤務し、アフリカ某国で警備担当や情報活動を行ってきたが、神経がすり減るような日々だった。もし私の子どもが公安の情報関係の仕事をしたいと言ってきたら、間髪入れずに「考え直したほうがいい」とアドバイスするだろう。警察官と一括りにいっても、犯人を捕まえるための警察と、情報活動をする公安とでは大きく異なる。悪い人を捕まえるというのは同じだが、公安では1年、2年と続くオペレーション

は当たり前のようにある。私が経験したケースでも、半年間にわたって監視対象者の尾行を続けたが、モノになりそうにないから中止したことがある。苦労しながら慎重に穴を掘ったのに、結局、その穴を静かに埋める――そんな作業がしょっちゅうある。

スパイを監視し続けていても、映画のように手際がよくてかっこいい場面なんてまったくないし、プライベートでは、子どもの運動会だって出られない。自分が誇りをもってやっている仕事について友人にも話せないし、つらく単純な作業なのである。

しかも、妻であっても細かいことは知らせることができない。外事警察では、家族に勤務先を伝えてはいけないといったルールはなかった。しかし、暗黙のルールで、言わないことになっていた。

もっとも、明らかに交番勤務ではないので、妻には刑事になったことは伝えていた。だが隠密《おんみつ》活動に身を置く公安になったことは、ずっと内緒にしていた。「今日も泥棒を一人捕まえたよ」などともっともらしいことを言いながら。しかし、アフリカ某国の大使館へ赴任することになり、表の活動をすることになった後に、妻にはカミングアウトした。実は大使館勤務になると、大使夫人や外交官夫人が「夫人の会」なるものをやる。大使公邸に集まって、お花やお茶を楽しむのである。そこで妻は「勝丸さんの旦那さんはあまり大使館にいないわね」と言われ、私が妻から追及されてしまったのである。そこではじめて、自分が外事警察に所属していることを話したのである。

スパイをかっこいいと思っている人たちもいるが、残念ながらスパイの生活もこれに近い。これこそ情報活動の現実なのだ。特にスパイを追う側は、とにかく任務が単調でつらい。暑い日も、寒い日も、土砂降りの日も外にいる。決して、かっこいいものではない。

犯罪だらけのアフリカ某国で大使館の警備

アフリカ某国での活動は、それまでの生活とは打って変わって、刺激的なものだった。警備対策官として命懸けで日本と日本人の安全のための情報収集活動に打ち込んだ。私をアフリカ某国の大使館へ送り出した日本の警察庁からは、表の活動とは別に、「情報を集めろ、情報をもらってこい」とも言われていた。治安が悪いことで知られるアフリカ某国で、独自に情報活動を行うのは危険そのものだったが、積極的に動くよう心がけていた。

メインの仕事である大使館の警備を担当し、旅券などを扱う領事の仕事もこなす。その上で、時間を見つけては外に出て、人と会って情報を集めた。

もともとその国の日本大使館では、アフリカ某国の国家警察に所属していた元警察官が警備担当のローカルスタッフとして雇われていた。そして、その元警察官に、現地の治安状況や情勢について簡単な英語で報告書を作成させていた。その報告書がさらに日本語に翻訳され、担当者が報告書を日本に送る作業をしていた。ただ私から見れば、そういう情報だけでは現地の情報を知るにはあまりに不十分だった。警察庁から言われていたこともあるが、情報を一つ収集すると、さらに関連情報が派生していくので、ある意味では必要に駆られて人脈構築をするようになったともいえる。

元警察官のつながりで私はその国の国家警察に接触して、現役の現地警察官たちとも人脈を広げていった。インテリジェンス部門をはじめとする各局長とも懇意になった。局長の夫人に会うときには、プレゼントをもって挨拶に行った。そこから国家警察内で幅広く知り合いを増やしていくことができたので、気がつけばその国内の治安状況に関する情報をどんどん集めることができるようになった。

加えて、赴任前の外事警察時代に、東京でアメリカの外務省にあたる国務省に知り合いができていたし、ＦＢＩ（連邦捜査局）にも知り合いはいたので、アフリカ某国でもアメリカ大使館の関係者を紹介してもらうことができた。そうこうしてアフリカ某国と周辺国での私の情報活動が始まったのである。

麻薬カルテル情報でネタを吸い上げる

日本には対外情報機関は存在しない。CIAやMI6のような国外でスパイ活動をする組織がない。

それでも私は、大使館のみならず日本の安全のために、アフリカ某国で独自に情報活動をして、日本に報告を行うようになった。読者の皆さんに国外での情報活動がどのような実態にあるのかを知ってもらうために、私が行っていた活動の一部を紹介したい。

国家警察を端緒《たんしょ》に、徐々にアフリカ某国で人脈は広がりつつあったが、情報活動の現場では、人とつながるだけでは情報はもらえない。情報の世界で鍵となるのは、「ギブアンドテイク」である。

情報交換では、本来であれば対価を支払えるのが一番いい。大使館には予算があるにはあるが、困ったことに、いろんな制約があって使いたい時にお金を使えない。要は、情報を取るように言われても、予算が自由に使えない現実に直面するのである。ある時、アメリカで2001年に発生した同時多発テロを実施した国際テロ組織アルカイダの関係者がアフリカ某国に隣接するE国の訓練施設にいたという情報を入手した。しかもこの関係者は日本に滞在していた過去があるとわかったので、日本の警察としてはその施設の動向をどうしても知りたい。だがこちらから、情報提供者に継続的に謝礼を「与える」ことができないために、情報収集に支障が出たことがあった。

そんな経験から、ギブアンドテイクとして私が目をつけたのが「押収物」だった。その国の警察が、国内の捜査の過程で押収するパソコンなど大量の証拠品の中には、彼らが理解できない日本語や中国語、韓国語のデータや資料も含まれる。私は中国語も韓国語もできないが、それでもそれぞれの言語を見分けることは可能だ。そこで、頼まれれば警察に出向いて行き、仕分けの手伝いをしたのである。日本語ならその内容も伝えてあげ、簡単に英語にも訳す。相手方からは確実に感謝されるので、そこから人間関係も構築されていった。しかも、そうした押収物の中から、日本がらみの反社会的勢力の犯罪関連情報や、日本からの盗難車の情報、通話記録も手に入れることができるようになった。まさに棚からぼたもちである。

こうした生の情報は、日本の正式な公電《こうでん》（在外公館と自国間の公式通信文書）のルートに乗せる。こうしたお手伝いを土日も夜中でも関係なく、時には有給休暇をとったりしながら行った。それぞれの国家警察へのこうした協力は、効果がてきめんだった。

さらにアフリカ某国にある土着の宗教団体の大会にもゲストとして参加するようになった。アフリカ人が指導するアフリカ某国で多くの信者を抱える宗教団体だ。有名人や有力者も多くが信者で、影響力も強い。私は、この教祖と友達になれれば、すごい人脈になると直感的に思って行動を起こした。

実は、大使館の運転手数名もその宗教の熱心な信者（バッジをつけていた）なので、信者の運転手に「大会があれば行きたい」と話した。すると、私が出席すれば付き添いとして指導者に会えるので、運転手は二つ返事で一緒に行くことになった。宗教団体側も「日本大使館」の「日本国外交官」からの問い合わせを快諾した。

車で2時間以上もかかる田舎町にある本部で行われた大会に日本大使館代表として出席した。大会では4時間ほどお説法が続くのだが、私が座った席の3つ隣には、なんとアフリカ某国の現職大統領が座っていた。さらに本部を管轄する警察の州本部長なども並んで座っていた。実は、アフリカ某国の警察の地区本部長のうち、3分の1がこの宗教の信者だった。

私が指導者と握手をしたことがあるという事実は人脈を広げるのにかなり効果的だった。そして大会の後には某国の大統領などとも晩餐会となった。アフリカ某国に赴任して5カ月目のことだった。後に日本大使館の公式行事にこの指導者を招待したことがあったが、大使館の正門付近には信者の人だかりができた。

アフリカ某国の殉職警察官のその宗教による葬儀にも可能な限り出席した。そこには州本部長、方面本部長、署長、部隊長がおり、時には国家警察副長官や局長、州知事、市長なども参列する。葬儀の会場では、日本の警察官が弔問に訪れるという行動から、いろいろな有力者とも知り合いになった。

現地で知り合いになった欧米の外交官たちは、そんな大会に私が参加していることをバカにしていたが、現地の人たちにとってこの宗教は心の支えになっていた。こんな人脈構築活動をしていた外交官は、アフリカ某国ではそれまでにいなかったはずだ。地味に見えるが、これこそが情報活動の一端であるといえるだろう。

アフリカ某国の国家警察に属する各局長から、どうやって私が人脈を広げていったのかを少し紹介しよう。まず初対面の後、なるべく早いタイミングで高級なレストランに招待する。その際に、あらかじめ、相手の趣味や家族構成などを秘書から聞き出しておき、簡単なプレゼントを用意しておく。そして「私が知りたい情報はこの分野です。この方面で詳しい人がいたらご紹介していただきたいのです」と、単刀直入に相談する。

そして局長が紹介してくれた人物やつないでくれた人たちには、片っ端から電話をして会いに行くのである。その際には、例えば、日本の警察庁に「今度、国家警察の薬物担当の課長と会うのですが、こちらからなにか渡せる情報はないでしょうか」と要請する。すると警察庁から、アフリカ某国にいる麻薬カルテル（麻薬の製造・売買を行う組織）が、アフリカ人を運び屋にして日本国内の組織に麻薬を持ち込んでいるという情報が入る。その時は、日本にいる麻薬関係者が、アフリカ某国の麻薬カルテルと連絡を取った時の情報までもらえた。つまり、お土産になる情報を仕入れるのだ。

それを持って薬物担当課長に会う。すると課長は、「そんな情報があるのか」と感心し、「他にも情報はあるのか？」と聞いてくる。そうなると、実際はほかにも情報を持っているが一度にすべてを出さずに「まだあると思うんですけれど、第二報が来たら連絡しますよ」とじらす。こうすることで、もう一度会う口実ができるため、こちらからも情報提供を求めやすくなるのだ。この手法は、日本の危機管理における第一人者である故・佐々《さっさ》淳行《あつゆき》さんに直接教わったものだ。

事前にイスラム過激派のテロを把握

こうした活動は個人的な趣味で行っていたのではない。日本から情報活動へのバックアップはなかったが、それでも日本のためにと思って情報収集の活動を行っていたのだ。

当時、アフリカ某国では国際的なスポーツの一大イベントの準備が進められていた。

ただ世界的に注目度の高い国際的なイベントはテロの標的になりやすい。私もこのビッグイベントでは、テロの情報収集をすることになり、首都で行われる予定だった開幕戦で、テロが起きる可能性があるとの具体的な情報を得ることができた。さらに決勝戦でもイスラム過激派組織アル・シャバブがテロを企てていた。

この情報は、すでに述べた宗教関係者から広がった人脈から入ってきていた。

私はすぐにその情報を日本の警察庁に外務省経由の至急電で送信した。結局、現地警察や情報機関とも協力して、私の摑んだ情報を元に、このテロ計画への対策を練ることになった。これらの試合になるべく日本人や日本の要人を行かせないなどの対策が必要だった。

日本からは皇室関係者の来訪も計画されていたので、事態の進展によっては、観戦を欠席にする対応も選択肢に入れていた。ただ結果的に、テロは発生することなく無事に終了した。

警備対策官は、日本や日本人に対するこうした脅威情報を得るために情報収集をしているのだ。ただ日本には対外情報機関がないために、いち警察官である私は、それを個人の裁量で行わざるを得なかった。

命を懸けた海外での接触

海外に赴任して活動すると、やはり怖い思いもする。

日本の警察関係者が海外で情報活動する場合は、日本国内での活動とは違って、活動中に私の身の安全を守ってくれるバックアップがないので、とても危険だ。アメリカのＣＩＡなら、ふんだんに資金があって、部下も何人もいて、活動をバックアップする体制が整っている。ＣＩＡ機関員が活動中に不測の事態に巻き込まれたら、そこから対象者を救出することになっているのである。

アフリカでは恐ろしい思いをしたことがある。

アフリカ某国は犯罪が多い国で、例えば車の中で待ち合わせ時間を調整したり、人や建物の見張りのようなことをしていると、何者かに襲われる危険性が高い。そもそも、安全な場所は監視カメラがあり、そこにいた証拠が残ってしまうから、情報関係者はそういう場所は避けなければならない。しかし、迂闊なところで待ち合わせしようものなら襲われかねない。また、情報提供者が裏切って悪い仲間を連れてくることもあり得る。それでも、すべて自分の責任で関係者に接触していた。

私はこんなふうに情報活動を行っていた。私が赴任したアフリカ某国には国内と国外を担当する2つの情報機関があった。このうちの国内情報機関はかなり機密度の高い組織で、関係者にもなかなか会うことができない。やっと約束を取りつけることができて、待ち合わせをすると、郊外のドライブインのようなへんぴな場所にある喫茶店に来るよう指定される。自腹で雇った運転手兼ボディガードを使って車でそこまで行き、相手が来るのを待っていると、喫茶店に電話が入る。会う場所を変更したい、と。そこで別の待ち合わせ場所を告げられるのだ。かなり慎重に接触が行われた。映画のような展開だと思ったものだが、この国の治安の悪さを考えると非常に恐ろしい。

そうして得られる情報は、貴重なものもあれば、そうでもないものもあった。先方から情報をくれる時よりも、こちらから「こういう情報が欲しい」とお願いした場合は、だいたい相手の都合で危険な待ち合わせ場所に呼び出された。

実は日本大使館とその国の国内情報機関との間にも正式な連絡ルートはあった。だがそれはあくまで型通りの対応で、情報管理が厳しいこともあってたいした情報は得られない。そうなると、やはり直接接触をする必要が出てくるのである。ただそうしたルートを使うと、謝礼も必要になる。

私が管轄していたいくつかのアフリカ諸国でも、お土産やプレゼントによるお礼の文化が普通にあった。

情報のレベルにもよるが、謝礼は、高級な万年筆が買えるくらいのレベルから、高くても良質なスーツを買えるくらいが最高額だった。

お土産程度のことは人間関係を円滑にするので、感謝の気持ちを込めて行っていた。お酒を嗜む相手なら、日本のウイスキー。とにかく日本のウイスキーは味が細やかであると大人気だった。それ以外では、日本の工芸品や少し見栄えのするペンも喜ばれた。逆に相手から、記念メダルや置き物のようなものを受け取ることもあった。

二
章

世界から遅れている日本の情報機関

お互いに情報を隠し合う日本の情報機関

こうした私の対外情報活動は、あくまでも個人として動いたものである。再三述べたように、日本には対外情報機関が存在しないからだ。日本の場合、政府が法律できちんと規定する形でこうした活動を組織的に実施することができない。

一方で、日本国内では、公安などによる防諜活動は組織的に徹底して行われている。

そこで、日本の情報機関の構造がどうなっているのかを見ていきたい。外国政府の関係者に、日本の情報機関について説明してほしいと言われた場合には、私は次のように答えている。

日本には、法務省の外局である公安調査庁という独立した情報機関がある。破壊活動防止法(破防法)や団体規制法に基づいて、旧オウム真理教や極左・極右組織、朝鮮総連、沖縄の独立派などの国内諸団体や国際テロ組織の情報収集と分析を行っている。ただその規模も能力も、アメリカのCIAや、韓国の国家情報院などにはとても及ばない。つまり、公安調査庁は日本国外でオペレーションをできるような組織ではないので、諸外国と同等の情報機関はないと説明する。

日本では警察業務と並行する形で公安警察が実質的に情報機関の役割を担っている。公安警察とは、警察庁と都道府県警察の公安部門のことで、戦前から戦時中に存在した特別高等警察の後継組織として発足した。警察庁警備局が都道府県警の公安部門を指揮しているが、警視庁だけは日本で唯一公安部が独立して置かれている。基本的には、カウンターインテリジェンス（防諜活動）を行っている。

さらに、外務省には国際情報統括官組織という情報組織がある。同組織は、外務省の国際情報統括官が率いて外交情報の収集を行う。情報分析が主な任務であり、協力者工作といったヒューミント（HUMINT＝人を使った情報収集）はほとんど行わない。

防衛省と自衛隊には情報本部がある。海外の軍事情報をはじめ、電波や画像、地理、公刊などのさまざまな情報を集めた上で解析し、総合的な分析を行っている。

内閣官房には、内閣情報調査室が設置されている。英語名では「Cabinet Intelligence and Research Office（CIRO＝サイロ）」と呼ばれるいわゆる「内調」は、トップの内閣情報官の下に、各省庁から集められて構成される。戦後に吉田茂首相が日本版CIAを立ち上げるべく1952年に総理府で設置した「内閣総理大臣官房調査室」を前身としている。警察や公安調査庁、外務省、防衛省から集められ、4つの部門（総務部門、国内部門、国際部門、経済部門）と、2つのセンター（内閣情報集約センター、内閣衛星情報センター）からなる。

内閣情報官は常に警察出身ということになっている。そこに警察庁と公安調査庁からの職員と、国際情報統括官組織ならびに防衛省の情報本部からも職員が出向している。問題は、それぞれの組織から来ている職員が、お互いに情報を共有することはなく、隠し合っていることである。

本来であれば、内調は情報機関を統率し、情報を総括して官房長官や官房副長官に届けるのが役割である。しかし、内調に出向している警察庁の職員は他の省庁の情報も欲しいので気にかけているものの、逆にほかの組織からの職員らは、警察庁からの職員を警戒しているという構図ができている。抜け駆け的に、独断で官房副長官に情報を届けるといった動きもあったりして、組織としてうまく機能していない。

そんな事情を知ってか知らずか、日本に赴任する海外の情報機関員は、窓口のある内調にコンタクトを行っている。外国にとって内調が日本側との情報共有窓口の一つになっているのは確かである。

こうした各情報機関が得た情報は、内閣情報会議や合同情報会議に吸い上げられていく。そこから、国の政策に活かされていくことになっている。

自衛隊の秘密組織「別班」は実在する

防衛省は情報本部以外に非公然組織を抱えているといわれている。その名も「別班」。私が公安監修をしていたTBS系日曜劇場『VIVANT』に登場し、話題になっていた。

防衛省では、軍事活動をする上で海外の裏情報を知ることが重要だとされているため、陸軍の軍人だった藤原岩市（1908年生まれ、1986年没）が、普通の情報機関員では手に入れることができない危険度の高い情報を集めることを期待して創設したのが始まりである。

別班のメンバーは主に防衛省から外務省に出向して、外交官として在外公館に勤務しながら情報収集をしている。それ以外の身分では、公用パスポート（政府が特別に公務員に発行するパスポート）で海外に渡っている防衛省の関係者も別班の可能性がある。

『VIVANT』で描かれていたような商社マンに扮した別班は現在の諜報業界を見てい

ると、実際に存在しているとは考えにくい。というのも、民間企業に勤務して活動させるよりも、協力者を民間企業の内部に作って情報を取るほうが安全だからだ。さらに、企業に勤めさせることになると、その後の生活の保障をする必要がでてくる。協力者を内部に作るほうが資金もかからない。加えて、公安警察でも、現在は潜入捜査をしない。それは別班が民間企業に潜入していないと考える理由と同じだ。

2015年に、イスラム過激派組織IS（イスラム国）が、湯川遥菜《ゆかわはるな》さんと後藤健二《ごとうけんじ》さんを殺害した時、現地の具体的な情報を日本政府に上げていたのは、別班だといわれている。公安内部でも、「あのような情報を集めるのは、おそらく別班の関係者が関わっているだろう」との声があった。あのような危険な場所での活動は別班しかできないと考えられる。ちなみに政府は別班の存在を否定しているが、別班が集めた情報は内閣官房長官と内閣情報官に上がるので、把握しているはずだ。

別班の創設にあたり、旧日本軍の陸軍中野学校（東京都中野区）というスパイ養成機関に所属していた人々が関与していたといわれている。彼らは日本を守るという任務のためには、時に邪魔者を排除することも辞さなかったといわれている。

金正男の来日情報を一番に摑めなかった公安

国際的に見れば、CIAやMI6といった対外情報機関の日本側のカウンターパート、つまり、日本側の同等の組織は、公安警察、内調、公安調査庁のどれなのかがはっきりとしない。そんなことから、海外の情報機関から日本に絡んだ重大な情報がもたらされても、それをうまく活かしきれずに失態が起きることもある。

その象徴的な例が、2001年5月の金正男《キム・ジョンナム》の来日事件だ。当時、北朝鮮の最高指導者だった金正日労働党総書記の長男である金正男と見られる男が、新東京国際空港（現・成田国際空港）の入国管理局で拘束された。ドミニカ共和国の偽造パスポートを所持し、妻子とともに、中国語の名前（胖熊）を使って入国しようとした。日本政府は当時、小泉純一郎《こいずみじゅんいちろう》が首相で、田中眞紀子《たなかまきこ》が外相だった。

この時、金正男が来日することを最初に日本に報告してきたのは、イギリスのMI6だった。MI6はその来日情報を公安調査庁へ一番に知らせた。つまり、MI6は公安調査庁をカウンターパートと見ていたことになる。公安調査庁の職員が、MI6ときちんとパイプを構築していたということもあったのだろう。実は、公安警察も、金正男が来日する情報は別ルートで摑んだが、公安調査庁の情報のほうが一足、早かったのである。

結局、日本政府は、外交問題に発展することを懸念して、政治判断によって金正男の一行を国外退去処分にすることを決めた。つまり、入国拒否をして帰らせることにしたのである。

私はこのケースについて、いまだに惜しいことをしたと考えている。もし最初に情報が公安警察にもたらされていたとしたら、おそらく金正男を泳がせて、どこに立ち寄るのかなど行動を調べて、日本側の関係者を特定しようとしたはずだ。さらには、毛髪からDNA情報も確保できたかもしれない。それ以外にも、北朝鮮の金の流れの情報を集めることができたかもしれない。金正男からいろいろな情報が収集できたはずだったが、結果的に、そのまま帰国させてしまうというあり得ない失態をさらした。

この金正男のケースに限らず、海外では私が属していた外事警察はあくまで「法執行機関」であるために、アフリカ某国に赴任中に各国の情報機関関係者が集まるブリーフィング（説明会）にも呼ばれないこともあった。私は警察官であり、情報機関のコミュニティには加えてもらえないもどかしさがあった。しかも、それによって、世界各地で、ことあるごとに情報機関が共有するような情報が得られないことも少なくないのである。それは国家にとっては損失ではないだろうか。

余談だが、ある時、私が赴任していたアフリカ某国を、外務省の国際情報統括官組織のアフリカ担当トップが訪れたことがあった。そして、その某国の情報機関の関係者とアポを取って会いにくるという話だった。私はその国の対外情報機関にも国内情報機関にも食い込んでいたが、外務省は私に何も伝えない形で秘密裏に情報機関を訪問しようとしていた。当然、そうした動きはすべて、その国の情報機関側から私のところに筒抜けだったが、情報機関側も外務省からの訪問者を「どうせ観光で来ているだけだろう」という態度で扱っていた。つまり、普段から日本の情報機関として接触をしていないと、相手にしてもらえないのである。これもまた、日本にきちんとした情報機関を作るべきだと考える所以である。

外国の情報機関関係者は、基本的に日本のシステムをまったく知らない。アフリカ某国で知り合ったＣＩＡやＭＩ６の情報機関員たちから、「日本に行ったら、俺はどこと連絡を取ればいいのか」と聞かれることもあった。もちろんＣＩＡもＭＩ６も東京に支局を置いているのでそこに問い合わせることができる。ただ多角的に情報を取るために、窓口は一つに限定せず、公式なものから個人的なものまで、いろいろな接触先を持とうとしているのである。彼らが公安警察だけでなく、公安調査庁の関係者とも会っているのはそのためだ。

情報機関全般にいえることだが、基本的には自国の国益あるいは自分の国に対する脅威についての情報を求めている。それこそが帰結するところである。よって、自国について悪く言っている団体や評論家、政治家などがいれば、その団体や人物の背後関係を調べるのは当然のことだ。「こいつは何者だ？　日本のお前たちはどう見ている？」といった具合で質問をしてくるのである。

私が警察庁職員として外務省に出向して在外公館で勤務したように、公安調査庁も在外公館に職員を派遣している。そういう意味では、外交官という肩書で、海外で現地の情報を集めているといえるかもしれない。ただ、決してインテリジェンスを扱うような情報活動といえるレベルではない。在外公館にいてやっていることは、基本的に情報収集と分析で、あとは専門家を探して話を聞くといったことだ。予算もなければ、そうした活動を幅広く在外公館で行う法的な根拠もないので、非常に小さい規模で活動するしかないのが現実だ。

彼らも人に会う際には、プレゼントを渡したり、少額の現金を渡しているが、それらは外交機密費から出ている。警察庁出身だろうが、公安調査庁だろうが、外務省に身分を置き換えてから外国に赴任するので、活動の費用は外交機密費から出ることになる。どれだけの金銭を使えるのかについては、その在外公館の大使が決裁する。

日本の情報機関同士は、あまり仲がよくない。私のように、個人レベルで付き合いを維持している人もいるが、基本的にはそれぞれがライバル視をしている。ズバリいえば、公安警察は公安調査庁を下に見ているところがある。昭和時代に活躍した先輩の公安警察官が、公安調査庁の動きはターゲットを「ただ眺めているだけ」と言って批判しているのを聞いたことがあった。現場で鉢合わせすることもあるが、確かに動きの悪い職員もいる。ただそれでも、私は公安調査庁が毎年まとめている「国際テロ要覧」も参考にしているし、個人的に能力が非常に高い人たちがいるのを知っている。

スパイ防止法は日本国民を監視する法律だと勘違いされている⁉

こうした日本の問題点は明確になっているにもかかわらず、いまの日本では政治家から対外情報機関を作るべきだという議論が一向に起きない。なぜだろうか。

過去には、中曽根康弘政権や安倍晋三政権で対外情報機関を作る動きがあったが、結局のところ実現することはなかった。

その最大の理由は、国民感情がついてきていないからだ。税金を使って活動をすることを考えると、国民の同意は不可欠である。スパイ防止法が日本にできないのも、同じ理由である。

スパイ防止法は、機密情報を受け渡しする瞬間を確認して、窃盗罪や不正競争防止法違反として現行犯で捕まえるのではなく、その前の段階でスパイ活動を摘発できるようにするものだ。スパイが「あなたの企業からこのUSBメモリで情報を取ってきて」と唆《そそのか》した時点で、その会話が録音されていれば逮捕できるのだ。これは決して無理筋な考え方ではない。世界の国々ではスパイを防止する法律はどこにでも存在するし、中国政府ならスパイ行為を摘発できる決まりを近年どんどん強化している。日本では、野党をはじめ、戦前の特高警察のイメージをどうしても払拭できていない人が少なくないために、スパイ防止法の成立が実現されない。公安に権力を与えると暴走するという意見も出てくる。

日本国内でテロ行為やスパイ活動に協力しそうな人たちや、いざという時に革命を掲げて蜂起するような人たちは、スパイ防止法は、いざとなったら自分たちのほうに向いてくる刃だと考えている。「スパイ活動対策と言っているが、やがては国民の監視活動にも使うつもりなのではないか！」というのが彼らの懸念だ。いま、監視カメラはいたるところに設置されているが、街頭カメラが出回る前にプライバシー侵害であると騒いでいた人たちがいた。スパイ防止法に反対するのは、それにも通じるものがある。監視カメラが日本の治安を守る手助けをしていて、そこに安心を感じる人が大勢いるということを忘れてはいけない。

私は、公安警察が対外情報機関を作ったほうがいいと考える。だが警察内部でも意見は分かれている。昭和時代の公安警察官のなかには、対外情報機関を作るという考え方自体が海外かぶれに見えるという人もいた。一方で、対外情報機関の役割は「特高警察の生き残りである俺たち公安がやるんだ！」という声も聞いたことがある。海外で情報活動に触れた経験がある人を中心に、やはり独立した機関を作るべきだという意見は根強い。

重要な視点は、警察のような法執行機関と、情報活動をするインテリジェンス部門が一緒になるのは、健全だとはいえない。その両者は性質が違う。法執行機関は、捜査権や逮捕権を持って、公判のための証拠集めをする。一方で情報機関の情報は、犯人を逮捕したり有罪にするための情報ではなく、犯罪が起きる前の情報が中心となる。

韓国の国家情報院は、情報機関でありながら、捜査権も持つ。警察組織ではないにもかかわらず国家の安全のためという理由で捜査権が行使されるので、国民への監視活動など国家権力の暴走に直結するという見方もある。

日本版CIAを作ろうとしても、実現はかなり難しい。それならば、いまある公安警察や公安調査庁に、きちんと予算をつけて在外公館に送り出すのが現実的だろう。人員を増やしたり、自由に使える予算を増やすなどして補強していくことはできる。

2022年9月、ロシアのウラジオストクで、日本領事館の領事がスパイ活動の容疑で逮捕され、「ペルソナ・ノン・グラータ（好ましからぬ人物）」と宣告されて48時間以内にロシアを出国するよう命じられたという事件があった。この領事は、ロシアの情報機関であるFSB（連邦保安庁）が拘束し、取り調べの様子も動画で撮影されて、世界に公開された。

領事は外務省の職員であり、インテリジェンス（情報活動）やカウンターインテリジェンス（防諜活動）の訓練を基本的には受けていない。おそらく非常にやる気のある人だったのだろうが、スタンドプレーで足をすくわれてしまった。

外事警察出身の私だったら、「私は日本国の領事だ。領事の職務中にこんなことをしていいのか」としか言わない。それ以外は何を聞かれても答えないし、同じことを繰り返して言い続けただろう。領事が訓練をきちんと受けていなかったと見受けられるので、外務省の赴任前の在外研修が形骸化しているのだろうかと心配になった。

警察の場合、在外公館に赴任する前には、府中にある警察大学校でしっかり研修を受けてから、神奈川県にある外務省の研修所で赴任前研修に参加して、警察だけでなく、公安調査庁や防衛省の職員とともに2カ月間の全寮制の研修を行う。語学も学ぶが、領事の仕事としてのパスポートの発給の仕方も教わる。外務省の職員が別で受ける研修ではインテリジェンスやカウンターインテリジェンスに関する教養は触れる程度しか扱わないので、ウラジオストクのようなケースには対応ができない。それが現実である。

もうひとつ付け加えれば、繰り返しになるが、きちんとした対外情報機関がないために、私のような個人がリスクを冒し、無理をしながら情報活動をすることになる。日本政府には、このような活動が個人にとって非常に危険であることを強く認識してもらいたい。

FBIが驚愕した公安の尾行・監視技術

日本は犯罪の少ない国としてよく知られている。ところがその一方で、世界有数の「スパイ天国」でもある。スパイ天国といわれると、防諜活動が機能していないのではないかと思う人もいるかもしれないが、実はそうではない。日本にスパイが入ってきた場合に、公安警察や公安調査庁ではどんな防諜活動をしているのだろうか。

公安警察は法執行機関なので、捜査が可能だ。捜査関係事項照会ができるので、対象者の情報を調べることができる。これは秘密でもなんでもないが、捜査関係事項照会という協力要請によって、行政機関や企業から、さまざまな社会生活の情報が得られるようになっている。捜査の一環として調べられることは少なくない。それが国外から来たスパイを監視するのにも役立つ。警察のなかに公安が存在しているメリットはこういうところにある。

アメリカでは、シギント（ＳＩＧＩＮＴ＝電波や通信を傍受する情報活動）を担うＮＳＡ（国家安全保障局）が世界中でデジタル通信や大手電子メールサービスに対して大規模なデジタル盗聴・監視活動をしていた。これは元CIAの内部告発者であるエドワード・スノーデンによって暴露されている。スノーデンによれば、その監視システムは日本にも提供されたという話もあった。だが日本では、公安警察なら捜査関係事項照会で強力な情報収集ができる。そう考えれば、日本にはNSAが誇る監視システムは、もしかしたら必要すらないかもしれない。

海外で使われるドローンや位置情報の発信機は、日本では迷惑防止条例など法的な縛りがあるので、公安警察であっても公には使うことが許されていない。

一方で、公安調査庁は法執行機関ではない。1952年に制定された破壊活動防止法に規定する「暴力主義的破壊活動」を行った団体の調査を行っている。そうした団体に対しては、立入検査や監視はできる。公安警察よりも任務は緩いが、使える金額は多い。なぜそれがわかるかというと、実は、公安警察と公安調査庁の情報活動で、情報提供者が被っている場合があり、そうすると公安調査庁がどのくらいの金額を情報源に提供しているのかが見えてくるのである。ちなみに、公安調査庁は強制捜査ができないので、金を使いながら活動せざるを得ないのも仕方がないと私は思う。

では防衛省・自衛隊にある情報本部はどうか。防衛省は基本的に、街中での情報収集活動はしていない。その点では、外務省の国際情報統括官組織も国内外ともにほとんど活動はしない。

日本の公安警察や公安調査庁は名前や肩書を変えたり、正体を明らかにせず秘匿捜査を行うことはある。ある時、捜査でこちらの正体をどうしても隠す必要があった際に、捜査対象から疑われないよう、会社を一つ作ってしまったケースもあった。きちんと登記もして登記簿を調べられても疑われないように、本当に会社を設立するのである。会社のホームページも設置し、電話がかかってきても電話番がいる。そういう形で、架空の会社を使って捜査を行うことはある。

逆に、海外のドラマやドキュメンタリーでも目にすることがある完全な潜入捜査は、日本ではしていない。監視対象の組織にメンバーとして潜り込む捜査だ。例えば、私がロシアスパイを追いかけていた際に、自分の動きがバレないような秘匿捜査はする。スパイが立ち入りそうな場所にずっと滞在して、自然な形で監視をするのである。私は実際に、街で「看板持ち」をして監視を行ったこともあるし、駅の近くにある釣り堀の前で早朝に開店を待っているような素振りでクーラーボックスに座り、「釣り人」を装ってスパイの動きを見ていたことがある。それ以外にも、バーテンダーを装ってグラスから対象者の指紋を採取したり、ドラマでも見るような宅配業者や水道工事の人に変装をする捜査員もいる。

だがそれは、どこかの組織に深く潜入して内部を調べる捜査とは違う。昔はしていたと思うが、費用対効果や危険性を考えるとあまり効果的ではない。それならば、組織の中に協力者を作って使うほうが、危機が迫った時に止めるという選択肢もとれることは先に述べた通りだ。

あまり知られていないが、日本の公安警察の実力は、世界的にも評価が高い。実際に、日本の公安警察が世界でもレベルが高いことを示すエピソードがある。2011年に、FBIの捜査官が公安でスパイについての講義をした際に、日本の公安側からお礼として、2000年に摘発された元海上自衛隊三佐の事件の捜査方法を紹介したことがある。この事件では、三佐が機密情報を在日ロシア大使館駐在武官でGRU（軍参謀本部情報総局）のスパイだったビクトル・ボガチョンコフに提供していた。自衛隊員は逮捕され、ボガチョンコフは今の成田空港から民間機で堂々と帰国した。

FBIの捜査官に、このスパイ事件の公開できる捜査資料を見せて解説した。地道な捜査の積み重ねと、逮捕現場となったレストランを特定して店内の客をほぼすべて私服警察官にしていたことを伝えると、ＦＢＩ捜査員は日本の尾行技術や監視技術に舌を巻いていた。

日本の公安が捜査能力を高めることができたのには、皮肉にも、日本にスパイ防止法がないことが奏功《そうこう》したともいえなくはない。なぜなら、スパイ行為そのものを摘発できないので、現行犯として情報受け渡し現場を押さえる必要がある。それゆえに、必然的に尾行や監視の技術が、磨かれてきた。公安では通常５～６人以上で尾行するが、チームワークも世界に誇れるものがあると自負している。

他国と違って対外情報機関もなく、スパイ防止法もない日本だが、工夫をしながら日々スパイと対峙しているのである。とはいえ、スパイ防止法があれば、それをベースにさらにレベルの高い防諜活動が可能になるはずだ。

警視庁の国際テロデータがネットに流出

外事警察は、２０１０年に苦い失態を経験している。同年11月から神奈川県横浜市でＡＰＥＣ（アジア太平洋経済協力）会議が開催されたのだが、実はその直前に、前代未聞といえる警視庁の情報漏洩《ろうえい》事案が発生した。

警視庁公安部外事三課が作成したと思われる国際テロ関連のデータが、インターネット上に流出したのである。それらのデータを、警察内部の職員が記録媒体に不正にコピーをして持ち出した考えられている。データが流出してから約1カ月の間に、実に1万台以上のパソコンにダウンロードされたと報じられた。流出したのは、公安警察が情報活動で蓄積してきた日本に暮らす中東系の外国人のプロファイルだった。

これは、絶対にあってはならない事件だ。内部の捜査情報が大量に流出した事実は、日本のインテリジェンス史にも残る大事件だといえよう。しかも、個人情報も漏れているので、大変な人権問題にも発展。結局、個人情報を公開されてしまった在日のイスラム教徒たちが損害賠償を求める訴訟を行い、最高裁は2016年、原告に9000万円の損害賠償の支払いを命じている。しかも、この捜査情報は第三書館から出版までされたのである。ただその後すぐに、掲載されていた個人から出版差し止めの申し立てがなされ、東京地裁に認められた。

この事案によって、現場にいた私のような警官も大変な思いをした。漏れている情報があまりにも細かく、公安が監視している人たちの個人情報のみならず、大使館の銀行口座や、モスク視察の状況、関係者の自宅の住所や電話番号まで含まれていたからだ。

私は当時、アフリカ某国から帰国して、150カ国以上ある在日大使館のリエゾン兼セキュリティアドバイザーをしていた。こつこつとセキュリティブリーフィングをしながら、大使たちとも良好な関係を築き始めた直後にこのニュースが広く報じられたため、中東系の大使に会うたびに「いったいどうなってるんだ！」と怒鳴られた。

事件が表面化して1カ月ほど経った時のことだ。仲のよかった中東のR国やT国の大使が、パーティで顔を合わせると私を手招きして「あの問題について説明しに来い」と言った。その後数カ月間、どこに行っても同じような扱いを受けた。さらに私自身が大使などから聞いた話を公安部のデータベースにまとめているのではないかとの疑念も出ていたので、「大使館で私が見聞きしたことは捜査部門に知らせていない」と繰り返し説明をすることになった。

この事件は世界でも報じられ、日本の情報機関のデータ管理は大丈夫なのかと問題にもなった。そこで、警視庁公安部は、独自のＬＡＮを構築するなどの対応策を取ることになった。

こうした日本の情報機関の失態は、他国からの信用を失うことに直結する可能性がある。各国の大使館や情報機関に、日本の公安警察と情報交換したらその情報が漏洩してしまう可能性があると思われてしまう可能性があるからだ。そうなると、今後は一切、誰も情報を共有してくれなくなるだろう。

最近では、インテリジェンス界隈もデジタル化が進んでいるので、データと情報管理が重要視されている。日本の警察も、２０２２年には警察庁にサイバー警察局を設置したが、まだまだ民間のハッカーレベルには達していないので、もっと早くセキュリティ対策とそのための意思決定をしていく必要がある。

三章

日本を食い荒らすスパイたち

スパイが入国する際は申告制

スパイは本当に日本各地で活動している。スパイは基本的に、人目につかないように動き、隠密に仕事をする。これはあまり知られていないことだが、日本政府は、日本に暮らす外国人スパイの存在をある程度、把握している。その理由は、国際的なインテリジェンスコミュニティ(諜報分野)には、通告のルール(外交儀礼)というものが存在するからだ。そのルールでは、日本に大使館などを置いて情報機関員を派遣している国々が余計なトラブルに巻き込まれないよう、日本に赴任している情報機関職員を外務省に伝えることになっている。外国人の情報機関員は、外交官の肩書で大使館に属しながらスパイ活動をすることが多い。

外務省の中でも、この情報の管理を担当しているのは「儀典官室《ぎてんかんしつ》」(プロトコール・オフィス)だけである。この儀典官室は、外交官の身分証明票を発行したり、取り消したりする部門。儀典長という局長に準ずる担当者など、この部門のほんの一部の人たちだけが、正式に日本に赴任しているスパイたちを把握している。その際に、スパイの顔写真も一緒に儀典官室に提供されている。

アメリカのCIA（中央情報局）やイギリスのMI6（SIS＝秘密情報部）のような情報機関や、FBI（連邦捜査局）などの法執行機関から来ている外交官は名刺に詳細を記載しない、または、独特な記載をすることが多い。つまり、本当の肩書を隠して活動しているわけだが、外務省が彼らの素性に関する情報を漏らしては一大事なので、情報管理を徹底して行っている。外務省以外でこの情報を知ることができるのは、警察庁と、日本にある150カ国以上の大使館の連絡を担当する警視庁の担当部署だけだ。私はそこの班長だったので、それを知る立場にあった。

意外に思うかもしれないが、実はロシアですら、この通告を行っている。もちろん、逆に日本もロシア政府にロシア大使館や領事館にいる警察庁や公安調査庁の職員の名前や所属などを通告している。

実はこのルールに長く応じてこなかった唯一の国がある。中国だ。

ところが、2018年に中国もその外交儀礼に従って外務省に情報機関員について通告するようになった。ただ日本に教えてくるということは、逆に日本にも、中国の日本大使館に所属している警察庁と法務省（公安調査庁や出入国在留管理庁など）の職員のことを通告するよう求めてくることを意味する。私が現職だった当時、中国大使館や領事館の誰が情報機関から来ていると申告されていなかったので驚きだ。もっとも、ここ最近では、中国は日本や欧米諸国と緊張関係にあるので、現在どうなっているのかはわからない。

この外交儀礼は、世界各地で情報機関同士が取り決めているルールだ。こうした情報があるからこそ、例えば、カナダで2023年5月、中国・新疆ウイグル自治区での弾圧を批判した中国系の野党議員マイケル・チョン氏やその親族が中国の外交官から圧力をかけられたとして、カナダ政府がトロントにある中国の総領事館からスパイ1名を国外追放（ペルソナ・ノン・グラータ）にすることができた。この動きに反発した中国政府は、逆に、上海に駐在する情報機関員であるカナダ人外交官を国外追放処分にした。これはお互いに誰が情報機関の関係者であるのかを知っているからこそ、できることだ。

こうした揉め事が起きた場合、どちらかが情報機関員を国外追放したら、同じレベルの情報関係者を同じ数だけ追放すると決まっている。総領事館の人間が国外退去になれば、同じく総領事館の人を追放する。そうすることで、「喧嘩」を最小限に収めているのである。

外務省が把握できないスパイは大量にいる

世界の情報機関は、2つの役割を持っている。国外と国内の情報収集があり、それぞれの担当に分かれている。どちらもインテリジェンス（情報活動によって得られる知見）を扱うので、インテリジェンス機関と呼ばれることもある。

国外の担当者は、国外でさまざまな情報収集を行い、自分の国にとって有害な活動をする組織や個人を調査する。さらには、自国が有利になるような影響工作や世論操作、国によっては破壊・暗殺工作も行う。彼らは対外情報機関と呼ばれる。

一方で、国内の担当者は、国内に入ってくるスパイの情報を収集し、取り締まりをする「防諜」活動を行う。日本では公安関係の組織が担うが、多くの国でも捜査権や逮捕権を持つ法執行機関である警察やその他の機関が主導的に行っている。

外国から日本に来ている機関は、基本的に対外情報機関である。例えば、アメリカはCIA、イギリスはMI6、中国はMSS（国家安全部）だ。ロシアの場合は3つある情報機関、FSB（連邦保安庁）、SVR（対外情報庁）、GRU（軍参謀本部情報総局）からそれぞれスパイが日本に来ている。

これらの機関は、日本に送り込んでいるスパイを表面上は儀典官室に通告しているが、もちろんそうした情報機関関係者以外にもスパイは存在している。外務省への通告には架空の人物を登録するというような嘘はないはずだが、本当は情報機関から来ているのに登録しないケースもあり得る。例えば、Y国は軍属の外交官である駐在武官が日本に来ているが、武官室のなかには軍の情報機関員がいた。しかもこの情報機関の場合、外交官ではない事務技術職員という肩書で所属していることがあるので、外務省は把握しづらい。外交官ではないので外務省にも出身元を通告せずに、日本国内で情報活動をしているといっていい。彼らは日本に暮らすY国人らの動きに目を光らせ、Y国大使館に赴任している外交官や武官らの動向も監視しているといわれている。

情報機関員たちは、さらに日本国内でスパイ活動を行うための協力者をリクルートする。そうした協力者も、いわゆるスパイということになる。例えば、私が大使館の連絡担当だった時にこんな経験をした。

どこの国かは明らかにできないが、ある時、ヨーロッパの国の大使館に呼び出された。行ってみると、大使から「絶対にこの大使室の外には出ていないはずの情報が漏れていると、自国の情報機関から連絡があった。大使館のナンバー2にも知らせていない情報なのに、どこから外に漏れたのかがわからない」と、調査の協力依頼を受けたのである。そこでいろいろと調べてみると、大使館に出入りしているS国人の大使館職員しかいないということになった。私は大使館のセキュリティアドバイザーでもあったので、警視庁の外事警察の中に存在する特命チームを動員してもらい、このS国人をマークした。監視すると、このS国人は連日、自分のアパートと大使館の間を往復する日々で、それ以外ではジムや買い物に行く程度の動きしか見せなかった。

ところがある日、このS国人はいつもとは違う動きを見せた。「点検」である。点検とは、スパイや防諜担当者（スパイを取り締まる公安警察など）から尾行されていないかを確認する作業のことを指す。点検によって尾行されているかもしれないと察した場合は「消毒」をするのである。消毒とは、尾行を撒くことだ。点検や消毒のためには、電車移動中に電車の扉が閉まる瞬間にホームに降りたり、逆に扉が閉まる寸前に電車に飛び乗るといったことをする。そうして、尾行を振り払うのである。

その日、このS国人は、電車移動の途中で、扉が閉まる直前に急に電車を降りた。予想外の展開に、特命チームはまんまと撒かれてしまったわけだが、その日を最後にこのS国人は忽然《こつぜん》と姿を消した。アパートにも一切戻ってこないし、大使館のロッカーもそのままで、完全に行方がわからなくなってしまったのである。さらに入管記録を調べてみたが、出国した形跡もなかった。大使館には、職員が行方不明になったのだから捜索願を出すようアドバイスしたのだが、大使館はことを大きくしたくないと主張した。こちらからの説得に、結局、大使館は渋々捜索願を出した。捜索願が出ると、できる捜査の幅が広がるからだ。だが、いまだにそのS国人の行方はわからないままである。彼の身に何が起きたのだろうか。

スパイに公安の自宅がバレると猫の死体が届く⁉

私は日本で外国人スパイから追われた経験がある。表向きは大使館の連絡担当という顔をしていたが、裏では情報機関の人たちとも会って情報交換をすることもあった。そんな活動の中で、強権的といわれる国であるZ国やL国の関係者と会うこともあった。ところがその場合には、その国の関係者と思しき人たちから尾行されることが多かったのである。尾行されているのに、そのまま自宅に帰ると家がバレてしまい、家族にも危険が及ぶ可能性がある。それを避けるために、点検と消毒は必ずしていた。

実際に同僚に起きたケースだが自宅が把握されると、猫の死体が宅配便で送られてきたり、便所から取ってきた汚物をポストに入れられたりする。もっと強烈なものとして、「お前の娘はヴァージンだろ」と書かれた手紙がポストに入っていたこともあったと聞く。また、私自身も脅迫めいた電話を受けることもあったが、そういう嫌がらせはたいしたことではなかった。

Z国やL国、M国などの大使館に行くと、やはり大使館を出てからその国のスパイに尾行されることがあった。実は、警視庁公安部には、場所がどこかはいえないが、通りかかることで点検を行えるポイントが存在する。尾行されていると感じた場合には、同僚に連絡をして、そのポイントで尾行がいるかどうかをチェックしてもらうのである。

Z国やL国の大使館を訪問した後は、その点検場所を通るようにした。そうすることで、尾行してくる相手の写真や動画を撮影できる。もっとも、日本国内の場合は、外事警察のホームグラウンドでの活動なので、怖い思いをすることはあまりない。

こうした尾行もそうだが、日本で活動するスパイは、日本でのスパイ活動を非常にやりやすいと感じている。スパイ防止法のような法律がないこともあるが、外国人スパイが日本をスパイ天国であると見ている理由のひとつに、日本人の国民性である「性善説」がある。

日本では、外国の人には親切にしてあげようと考えている人が多いので、まさかスパイ活動をしている人だとは思いもよらないのである。

スパイ側は日本で活動するのにいろいろと下調べをしているので、日本では警察などがスパイを監視する防諜活動を行っていることを知っている。一方で、警察のマンパワーや能力もある程度把握しているので、少し足を延ばして郊外や地方都市に行ってしまえば、ほとんど追跡できないこともわかっている。少しの工夫でスパイ活動がばれにくくできるのだ。監視されやすい都市部は避ける。観光客然として、実はスパイとして入国して活動しているケースもあるのだ。

CIA支局長が断言「日本はスパイが活動しやすい国」

外事警察だった私としてはあまり認めたくはないが、やはり日本はスパイ天国だと言わざるを得ない。外国から来日するスパイは、日本では身の危険を感じることが少ないからだ。安心できる、とすら思っているかもしれない。

私が警備対策官兼領事としてアフリカ某国に赴任していた時に、現地のCIA支局長は、

「日本はスパイにとって活動がしやすい国だから、東アジアで直接誰かと会わないといけないことになったら、やはり日本だな」と語っていた。そういうスパイに優しい国は日本以外にもある。ヨーロッパでいえば、ベルギーの首都ブリュッセルがそうだ。欧州の中心地で、スパイが大量にいるので活動がしやすいという。

中国の北京や上海では、スパイは自由に動きにくい。なぜなら、中国で監視対象になってしまえば、公安機関を動員して、入国情報から宿泊先、予約したレストランなどすべての情報がチェックされ、丸裸になってしまう。中国の公安当局は、電話の盗聴もするし、宿泊先の顧客名簿も意のままに見ることができる。日本ではさすがに、そんなことはできない。出入国をひとつとっても、法務省が管轄する情報であり、外事警察が自由に情報を見ることなどできない。ホテルの情報もすべて把握できるわけではないし、日本ではホテルの部屋を盗聴することも不可能だ。

繰り返し述べてきたことだが、日本には国内でのスパイ活動を防止する法律がない。スパイ活動そのものや、接触があっても、法律でスパイ活動は罪と見なされず、スパイは捕まらない。何か文書などの授受が確認できなければ、スパイ行為は摘発できないのだ。そういう意味で日本のスパイ対策は情けない状況だと言わざるを得ないが、だからこそ、C

ＩＡ支局長の言うように、「東アジアに行く場合には日本で落ち合うのがいい」となるわけだ。

これについては、在日Ｐ国大使も言及していた。当時のＰ国大使は日本に来る前、ベルギーのブリュッセルにいた。先にも触れた通り、ブリュッセルもスパイがたくさんいて、欧州における情報活動の活発な拠点の一つになっている。ブリュッセルには数多くの国際機関があり、各国が情報機関の支局を置く。スパイがあちこちにいるため、スパイにとっては動きやすい場所ということになる。ブリュッセルの防諜機関が無能だというわけではないが、スパイが存在しやすい環境にあるのだ。

ただその一方で、そこらじゅうにスパイがいるという理由から、カフェなどでは会話の内容に気を遣う必要があるし、公の場所でラップトップのパソコンを使うのも危険だ。どこで傍受されているかもわからないからだ。

日本の場合、スパイが素知らぬ振りで入国するのも難しくない。そもそも日本の警察と出入国在留管理庁のデータベースが別になってしまっていることが問題だ。どういうことかというと、怪しいと思う人物が入国しようとしているのを警察が摑んだ場合、警察は一回ずつ照会文書を書いて、理由も添えて、出入国在留管理庁に情報提供を要請する必要がある。しかも、そうした手続きを踏んでも、要請が拒否されることもある。そんな状況では、スパイや協力者の情報が入ってきたとしても、すぐに追えるはずがない。

カナダもスパイに対して緩い国だ。カナダは、アメリカやイギリス、オーストラリア、ニュージーランドと情報共有のためのスパイ同盟「ファイブ・アイズ（UKUSA協定）」のメンバーである。しかしながら、その5カ国の中でも最もスパイに対して甘い。カナダは、アメリカとの間で行き来がしやすいこともあって、外国人スパイは一旦カナダに入って生活拠点を作ってからアメリカに移住するパターンが結構ある。法執行機関の仲間内でも、「カナダがスパイの拠点になっている」という話はよく聞く。さらに、カナダは国籍も取りやすい。

そのほかでは、オーストラリアも国籍を取得しやすい環境がある。アジアでは、タイも比較的緩いし、マレーシアもフィリピンやインドネシアから出てくるテロリストの通過地点として使われていた。そういう土地には、スパイも潜伏しやすい。

尾行・盗聴・ハッキング・・・スパイ活動の実態

ここまで見てきた通り、スパイが日本や世界各地で実際に活動しているのはわかってもらえただろう。では、スパイは日々どんな活動をしているのだろうか。

スパイは一般的に手に入れることができるオープンソースの情報を収集したり、電話や無線の盗聴やハッキングなどから情報を得る「シギント」(SIGINT)、さらに人を使って情報を得る「ヒューミント」(HUMINT)など、いろんな手法を使って情報を収集する。そして知り得た情報を元にして工作活動をすることもある。

では、どんな情報を集めているのか。世界第3位の経済大国である日本を例にとると、日本の半導体や通信などの最先端のハイテク技術や、それ以外で日本が他国よりも先を行く分野の技術だったりする。ピンポイントに特定の技術を狙ってくることもあるし、「投網《とあみ》方式」と呼ばれる活動もする。「投網方式」とは、漁で魚を獲る時に網を投げるのと同じように、網を広げて引っかかってきた情報をすべて拾い上げることだ。日本にスパイを何人も赴任させることができるような国の情報機関なら、どちらの方法も実施していると、私は見ている。人員が多ければ、それだけいろいろなターゲットを狙いに行ける体力があるからだ。

例えばこんな実例がある。東京に中国人がよく集まるバーがあり、常連の中国人がいた。そうしたバーでは、お酒が入って警戒心が薄れた客が名刺を置いていくこともある。するとその中国人は、名刺をつぶさにチェックして、そこから面白そうな人をピックアップする。そして親しくなっていき協力者に仕立てるということをやっていた。その常連がスパイだったということである。網を広げて引っかかった人を後で追っていくというパターンだ。

国によっては情報機関の関係者を日本に駐在させる余裕がなかったり、1人しか赴任させていないというケースもある。またある国では、シンガポールに情報機関の関係者を駐在させて、日本を含むアジア地域をまとめて担当させている場合もある。そういう国では、投網方式はできない。

アジア諸国でも、在日大使館に情報機関員を置いている国はある。彼らは日本を敵対的には見ていないが、彼らが注視しているのは、日本に暮らす自国民の動向や自国民が集まるコミュニティの情報だ。自国で反政府活動をしているグループや人が、日本にいる仲間に日本からもSNSを使ってメッセージを投稿させたりしていれば、その在日の同国人を監視する。それに関わる同胞のさまざまな動きには目を光らせているわけだ。

加えて、自国にとって不利な情報が日本で発信されるとそれをトーンダウンさせるような工作もする。そして協力者をリクルートして彼らの出して欲しいメッセージを世に出せるような情報工作も行う。また日本国内で日本向けの影響工作も実施して、自国のイメージ向上のために動いている人たちもいる。

国同士の関係がいいと、赴任するスパイも気が楽なようだ。国によっては、日本と自国の関係がいいので、「日本に赴任できてラッキーだ」と言っているスパイもいる。自国のスパイに対する要件が緩く、日本語を話す必要もなかったりするので、そういう国のスパイはのんびりやっている印象がある。一方で、地政学的にも日本を重要国と見ている韓国や台湾の情報機関員は、日本語をネイティブレベルで話せる必要がある。彼ら訓練を受けたスパイたちは、情報を正確に集めるためにかなり日本に精通し、非常に深度のある活動をしている。

私は在日大使館のセキュリティアドバイザーも担当してきたが、各国のスパイは私に接触することで、自国に関係する個人や団体に対する評価を知りたがっていた。スパイたちが日本で自国に絡んだ活動をする人たちを見つけると、それが日本人であっても、「この人はどういう人なのか?」「この発言はどういう意味か?」「この個人がこういう本を出して活動しているけれど、公安的にはどう見ているのか?」といった質問を投げてくる。時には団体名だけを出して評判を聞いてくることもあったが、こちらはその質問の意図や背景には踏み込まないようにして付き合っていた。それがスパイや情報関係者の間にある情報交換の暗黙のルールであり、よい関係を維持する方法でもあった。

そうすると、逆にこちらが知りたい情報も余計な説明をすることなく尋ねることができるようになる。「この団体の動きが気になるんだけれど、いつまでに教えてくれる?」「いま知っている範囲で教えてくれる?」などと聞いたり、「この人はこういうことをわが国に対して行った人なので、どういう人物なのか教えてほしい」という具合に質問する。

国によっては、情報収集以上の工作に力を入れている場合もある。その典型的な例は、北朝鮮だ。北朝鮮は1970年代から80年代には、最高指導者だった金日成《キム・イルソン》がいざ革命の指令を出した時に、日本で一気に蜂起するような体制を作っておくという目的があった。現在では、日本の技術を盗んだり、お金を稼ぐことにかなり力を入れている。日本を通して外貨を稼ごうと目論《もくろ》んで活動している。

稼ぎ方としては、不正輸出などだ。さらに、北朝鮮はいま厳しい制裁下にあり、物や金を動かすことが難しい。そこで、盗んだ日本のクレジットカードやキャッシュカードを北朝鮮と距離的に近い中国の遼寧省大連市に持っていって不正に引き出し、現金を手にしてから北朝鮮に持ち込むといった犯罪も目立っている。

ちなみに、大連に運ぶ理由としては、地理的なこと以外に、北朝鮮系の企業が沢山あり、北朝鮮スパイが跋扈《ばっこ》している地域だからである。中国当局としても、中国側に余計なことさえしなければ、放っておいて問題はないと判断しているらしい。実際、中国企業の顔をして、裏のオーナーは北朝鮮人という企業が山ほどある。また日本で獲得した現金は、日本の協力者が作った銀行口座に入金し、中国でデビットカードで現金を引き出すといった方法でお金の運搬をしている。そうした犯罪行為を行うために、北朝鮮スパイが日本でも暗躍しているのである。

中国や韓国といった国々は、北朝鮮とは違って、外交に影響が大きい日本の政治情報をターゲットにして、情報収集や影響工作をしている。中韓については後章で詳しく見ていきたい。

集めた情報は秘密の通信手段で自国に送る

地元メディアから得る情報や、政界や財界、官庁にいる協力者からの情報、企業からの情報――。日本にいるスパイたちは、協力者を運用しながら集めた情報をどう扱っているのだろうか。

さまざまに集められた情報は、自国に伝えるためにまとめられる。情報収集や工作を行うだけがスパイの仕事ではない。集まった情報をリポートとしてまとめていくデスクワークもスパイの重要な仕事のひとつなのである。まとめられた情報は、自国の安全保障対策や政治決定の材料として活かされることとなる。

各国の情報機関は、独自の通信手段を持っている。ＣＩＡはＣＩＡの独自の通信手段があり、それらはケーブルと呼ばれている。それぞれが、独自の手段を使って自国に情報を送信するわけだが、こうしたやり取りは、大使館のトップである大使にもまったく知らせる必要がない。アメリカなら、情報機関独自の通信手段があるので、国務省や軍の関係者にどんな情報を自国に送っているのかを知られることがない。

ところが日本の情報機関はそんな区別もなくごちゃ混ぜになっている。国外の大使館など在外公館では、日本に情報を送る際に外務省の通信手段を使わざるを得ない。つまり、外務省は、大使館に勤務している警察関係者や防衛省関係者がどんな情報を送っているのかを見ることができてしまうのである。それでは各機関が海外で独自に行う活動の情報は守られない。

中華料理屋の店主・クリーニング屋・・・スパイの協力者たち

日本におけるスパイたちの活動は情報収集や工作活動など多岐にわたるが、その中でもスパイたちがまずする大事な仕事は協力者の獲得と維持だ。

例えば中国なら、情報機関から派遣されているスパイは、メッセンジャー（伝達担当）やリエゾン（連絡担当）のような役割の人を抱えており、そうした人たちを動かしながら活動している。つまり、スパイ本人は表に出てくることはなく、大使館に残ってスパイマスター（リーダー）として指揮を執っている。スパイマスターが、現場でリクルートされるスパイに会うことはまずない。

そのメッセンジャーやリエゾンをするスパイたちも、幅広くいろいろな協力者を集めて情報網を広げている。協力者にもいろんな職業の人たちがいて、嘘だと思うかもしれないが、中華料理屋の経営者や従業員だったり、クリーニング屋だったケースも実際にある。中にはレストランを展開して成功しているなど日本でそれなりの社会的地位を確立している人もいる。テレビに出るような評論家のケースもある。日本に根づいている彼らが、協力者をリクルートしていくこともあり、さらにネットワークは広がっていく。「え、あの人が⁉」ということもある。時には、知り合いから質問されたから何気なく答えただけで、実は、その背後でスパイが絡んでた、ということもあるだろう。つまり、自分ではスパイに協力していることに気がついていない人たちもいるわけだ。

監視をする公安警察として難しいのは、スパイマスターが協力者らと公に会わないことだ。つまり、確たる証拠を提示して関係性を証明することが難しいのである。しかもメッセンジャーは中国から短期的に来ることもあるので、ポッと現れてすぐにいなくなってしまうことが少なくない。観光ビザで日本に遊びに来ているかのように見せながら、うまく目的を特定できないようにしているのだ。ただ稀に、リクルートするために来日しているリエゾンが、留学生に接触したのを実際に確認できた場合があった。それでも、このリエゾンは大使館のスパイマスターとは決して公では接触しなかった。

スパイマスターは、協力者になり得る人たちのリストを持っている。住所だけでなく、携帯電話の番号もわかっているので、水面下での接触を指揮していると考えていい。

中国は、江東区にある教育処と呼ばれる大使館の関連施設で、莫大なデータベースを作っているとされる。そこには、現役の留学生だけでなく、これまで日本に留学した人たちの個人データが記録されている。日本の滞在先から、留学者の学校、卒業後の進路なども、顔写真つきでデータベース化されているという。

教育処のように、大使館が別館を構えていることは少なくない。データを記録する部署が大きくなりすぎると、大使館では収まりきらないので外部で別の建物を使わざるを得ないからだ。東京都港区にある韓国大使館も、本体のほかに在日本大韓民国民団（民団）という組織が入っている領事部というものが、同じく港区内の別の場所にある。これは大使館の領事業務を独立させたものだ。渋谷区にあるペルー大使館も、領事部は品川区の五反田に置いている。

協力しなければ家族に危険が及ぶ恐怖のリクルート手段

彼らが同胞の協力者をリクルートする方法はこうだ。まず連絡先から協力者にしたい人を選んで接触し、実際に会う約束をする。実際に目の前で、「ぜひ国のために協力者になってほしい」と話を持ちかけるのだ。その際、まず協力者になればどんな利益があるのかを伝える。「お父さんやお母さんの年金が増えますよ」「公務員のお兄さんの昇任が早くなりますよ」と持ちかけるのである。さらに、協力してくれれば働きに応じてお金を支払うとも説明する。ホームラン級の情報を持ってくればホームラン級のお金を渡すし、ヒット級ならヒット級のお金、といった具合で誘うという。

両親の年金が増え、兄弟が出世でき、自分もいい情報を持ってきたらそれ相応の謝礼をもらえるのだから、「国家のためだ」と言われれば、バイト感覚で協力してしまうのは仕方がないだろう。その心理も中国スパイはうまく利用しているのである。

だが、日本や日本人を裏切ることもあるし、犯罪行為に手を染めるケースもあるため、協力したがらない人もいる。ところが、協力要請を断ろうものなら、今度は脅しが始まる。

「お父さんとお母さんがどうなるか、ちょっと心配だ」「お兄さんの公務員の仕事も今後はどうなってしまうかは保証できない。お兄さんには子どもがいるけれど、学校に通えなくなってしまうかもしれない」。こう言われてしまうと、断ることができる人はほぼいない。

しかし、こうした協力要請を断ったために嫌がらせを受けているとして、在日中国人が日本の警察に逃げ込んできたケースもある。実際に中国人が、「中国にある実家が不審火にあった」「公共交通機関の利用を家族が突然停止された」と、警察に助けを求めてきた例がある。

しぶしぶ協力者になった在日中国人が怖くなって警察に逃げ込んでくることが時々ある。その実態は、彼らの証言から浮き彫りになる。中国以外で、ここまで大規模かつ強権的にスパイ活動を日本で行っている国はない。

他の国の場合は、どんなリクルート活動をしているのか。私は大使館の連絡担当だったので、数多くの大使館のレセプションやパーティに出席してきた。そうしたイベントの場には、必ずスパイがいて、名刺交換をするなどリクルートの場にもなっていた。

中国以外で活動が目立つのはロシアだ。政治関係や軍事関係のシンポジウムにロシアスパイは姿を見せる。大きなイベント会場で催される防犯グッズや防弾チョッキなど装備品の展示会ではイスラエルなど海外企業も多く出展しているので、そこにもスパイは出没し、協力者を探している。

２００４年、ロシアスパイがイタリア人コンサルタントになりすまして、日本企業の社員に接触したケースがあった。ロシアの対外情報機関であるＳＶＲのスパイで在日ロシア通商代表部に所属していたウラジーミル・サベリエフが、千葉県の幕張で行われた電気機器の展示会に姿を見せた。神奈川県川崎市にある東芝の子会社の社員にイタリア人であると名乗って接触したのである。その後、食事を重ねるなどして親しくなっていき、サベリエフは、軍事転用が可能な機密情報を見事に同社社員から入手し、見返りに現金を渡していた。その社員は逮捕されたが、サベリエフは何事もなかったかのように帰国した。

「まさか」「自分は大丈夫だ」と思う人もいるかもしれない。ただ日本では、ロシア人とイタリア人の区別はなかなかつかない。欧米人に、日本人と中国人、韓国人を見分けろというようなものだ。さらに先に述べた通り、日本人は親切で、「性善説」を信じる人も多く、人を疑うのは「申し訳ない」と思う人も少なくない。そこが仇になって、騙されてしまうのである。

ロシアスパイの場合は、最初からロシア大使館の者であることを明らかにして接触してくることもある。「自国に技術を紹介したい」というようなアプローチだ。さらには、大使館員が正面から名刺交換するが、その後の接触は別の在日ロシア人である民間人が行い、協力者に仕立てていくこともある。大使館の名刺を出されると警戒する人もいるので、はじめから民間人を送り込む場合もある。ロシア系の記者のなかにスパイがいたりすることもあり、「ロシアメディアに紹介したい」と言って接触してくることもある。

メディアからの接触という意味では、中国にも国営通信社があるので、新華社《しんかしゃ》や人民日報《じんみんにっぽう》の記者のなかにはそういう活動をしている者もいるのではないかと見られている。

ロシアと中国の違いは、リクルート時の接触方法だ。先に述べた通り、中国の場合はスパイマスターが現場に来ることがない。ところが、ロシアの場合は、スパイ本人が現場に姿を見せてリクルート活動をするのである。

中国スパイなら、ある大手電子機器会社の技術が欲しいとなれば、ターゲットの企業に中国人がいないかを調べる。教育処のデータを使ったりしながら、だ。どこかで接触をして名刺交換して情報を入手できないか探っていくのではなく、留学経験者を探したりして、単刀直入に協力するよう伝える。もっとすごいのは、有名大学に留学している中国人留学生に、中国の欲しい技術を持っているターゲット企業に「あの企業に就職しろ」と要求していくケースもある。そうした長期計画のオペレーションを日常的に行っているのが中国である。

日本でも起きる暗殺事件

一般の日本人が知らないところで、外国人同士のスパイ活動が危険な結末を迎えている場合もある。これは冷戦期の話だが、都内や関西の一流ホテルのバスタブで溺死している東欧系のビジネスマンやソ連(旧ソビエト連邦)人が発見されたことがあった。私のような外事警察から見ると、「やられたな」とわかる。実はホテルでの溺死に匹敵する不審死のケースはいまもたまに起きている。こういう場合は、スパイに雇われた殺し屋が、日本国内で暗殺工作を実行していると見られている。

こういう話になるとよく聞かれるのが、「スパイは殺しも行うのか」という質問だ。結論から言うと、スパイの世界には殺しもある。その手の工作をすることで知られているのは、例えば、イスラエルの対外情報機関であるモサドだ。モサドについては、また後章でも詳しく触れたい。

とはいえ、現在、外国人スパイが日本で好き勝手に殺しをするのは考えにくい。いかにスパイ天国の日本とはいえ、日本で暗殺工作を実施するのをスパイは躊躇するはずだ。ご存知の通り、日本の警察は事件の解決率も高いし、最近は防犯カメラもいたるところにある。殺しのような工作は足がつきやすいだろう。日本警察の捜査能力の高さは世界的にも知られているので、日本でするのは得策ではない。

いうまでもないが、日本の情報機関が殺しをすることは絶対にない。警察ではそもそも違法はしないことを前提に捜査活動をしている。基本的に、日本では法執行機関の捜査員が犯罪行為を犯すことは考えにくい。

ただ、世界に目を向けると殺人は起きている。インテリジェンスの世界では、人命よりも情報の価値のほうが高いといわれることもある。自分たちのミッションを達成するため、また、目的を妨害するものがあれば、殺害することも厭《いと》わない。

2006年、ロシア人のアレクサンドル・リトビネンコが、イギリスで放射性物質のポロニウム210で暗殺された。リトビネンコは、ソ連時代にKGB（ソ連国家保安委員会）のスパイとして防諜活動を行い、ソ連崩壊後は国内情報機関であるFSBに勤務した。その後は、上司から暗殺工作を命令されたことを記者会見で暴露し、イギリスに亡命した。

イギリスではロシアに対する反体制派の活動を行っていたが、ロシアは裏切り者を許さない。結局、元KGB職員にポロニウムで暗殺された。

ロシアは、ウクライナ侵攻後も、現在進行形で暗殺工作を行っているといわれている。では世界で最も有名な情報機関のCIAも、暗殺は行うのか。私の見方では地域や、時と場合によっては実行する可能性もあるだろう。

私がアフリカ某国に赴任していた時に知り合ったCIA支局長は、ある格闘技で世界レベルの選手だった。この支局長は、アフリカ某国に来る前には西アフリカの国の支局長をしていたのだが、常に小さなナイフを携帯しており、拳銃も見せられたことがある。アフリカ某国では拳銃所持には当局の許可が必要だったが、そんなことはお構いなしだった。「自分の身に危険なことが起きたら、躊躇なく使うよ」と言っていた。

こういう話は、さすがに日本ではあり得ないと思うかもしれないが、そんなことはない。アメリカの場合、軍関係者以外も米軍の横田基地から日本に入国することができるため、簡単に銃などを持ち込めてしまう。もっと言えば、米軍基地を経由すれば、日本側に知られることなく誰でも出入国ができてしまうのである。これはあくまで想像だが、アメリカが国家の意思としてヒットマンを送り込んで仕事をさせて、何もなかったかのように出国させる可能性があるということである。

恵比寿駅と大塚駅で尾行を撒くロシアスパイ

日本に情報機関員を送り込んでいる国で、在日スパイ数が多い国といえばロシアが挙げられる。ロシアは3つの情報機関からスパイを送り込んでいる。大使館のみならず、総領事館にもいる。さらに民間に紛れているスパイを入れれば、総勢は120人ほどと分析されている。

アメリカも、CIAのみならず国土安全保障省（DHS）も東京支局があるため人員を送ってきている。韓国の情報機関である国家情報院も日本に何人も人員を送り込んでいる。

ロシアスパイが出没するのは、例えば、東京の銀座にあるコリドー街の安い居酒屋だったりする。そう、東京で人気の飲み屋街である。実は、スパイといえども経費や予算を気にしているようで、まだスパイ協力者を獲得したての初期の段階では、ロシアスパイとしても相手がどれほどの情報をもっているのかがわからない場合もある。探りを入れる意味で、軽い接触として使う分には、私の知る限りコリドー街が便利なようだ。事実、半個室の店で食事をしているところが頻繁に確認されている。

ところが、非常に価値のある情報をもらう場合は、個室つきの高級な場所を使うこともある。ある意味でわかりやすい。高級な店で会えば、その時は何か大事な情報が手渡される可能性があるということだ。

「美味しいご飯を奢ってもらえるなら一度くらい助けてあげてもいいか」と思ってしまうと、相手の思う壺だ。一度ロシアスパイに協力をしてしまうと、もう後戻りはできない。食事を重ね、自分の属する会社の機密度の高い情報を求められるようになっていく。流れで付き合っているうちに、さすがに怖くなって「もう協力はできない」と言い出しても時はすでに遅い。「いまさら戻れませんよ」「これまで協力してきたことが世に出たらどうするのですか」というのはロシアスパイの常套句《じょうとうく》だ。「私の任期が終わったらやめてもいいですよ」と言いながら、任期が終わる前にきっちりと後任と引き継ぎをする。とことん情報を搾り取っていくのがロシアスパイの特徴であり、一歩入り込むとかなり危険である。

ロシアスパイについては、こんな話もある。外事警察がロシアスパイを尾行していた時に、恵比寿駅東口にある長いエスカレーターに乗った。そして、降りきったところでこちらを待ち伏せしていた。お腹あたりにスマートフォンを持って、降りてくる人を全員撮影しているのである。そのなかに尾行してきた外事警察が紛れているのではないかという推察のもと撮影をしているのだ。実際に尾行をしていた者が降りる間際にロシアスパイのスマートフォンから顔を背けるなど不審な動きをすれば、ロシアスパイに尾行がバレてしまう。そのため、決して下手な動きは見せずに、無関係を装って普通にしていなければならないのだ。ロシアスパイはこういう狡猾《こうかつ》な尾行点検を毎回するので、尾行者が同じだとバレてしまう。

また、ロシアスパイが尾行点検をする時によくやる手口として、東京のＪＲ山手線の大塚駅を使うのだ。というのも、大塚駅には島式ホームが一つしかなく、巣鴨方面と池袋方面の電車がホームの両側に到着する。まずロシアスパイは池袋から巣鴨方面に向かう電車に乗り、大塚駅で下車する。そこで自分が乗っていた電車から乗客が降りて、自分以外の全員が出口まで向かうのを待つ。すると、ホームには池袋方面の電車に乗るために待つ客だけになる。

次に池袋方面に向かう電車が来たら、今度はホームにいた客が乗り、乗客が降りてきて、みんなが出口に向かう。それを見届けて、尾行者がいるのかどうかを判断するのだという。こうした点検・消毒作業をするのは訓練を受けたスパイしかいない。逆を言うと、ロシアの場合はきちんと訓練を受けたスパイが、自らスパイ活動をしていることがわかる。他の国ならば、自ら動くことはなく、協力者を使って隠密に動くので、消毒をする必要もない。

G7広島サミット開催前はスパイが激増

日本が世界的なイベントを開催する時は、世界から多くの政府関係者が集まるため、徹底的にセキュリティ対策が実施される。というのも、有名人や要人も来日するということもあり、テロのターゲットになりやすいからだ。常にそのリスクを考慮する必要がある。

2023年5月、日本はG7サミット（第49回先進国首脳会議）議長国として広島サミットを開催した。その際には、関係国の情報機関員は自国のリーダーの訪日に向けて、安全を確保するために活動していたはずだ。G7は、日本、イタリア、カナダ、フランス、アメリカ、イギリス、ドイツの7カ国および欧州連合（EC）の各首脳が参加する。これらの国々は、日本を除いてそれなりにレベルの高い情報機関を持っている。だが、G7で調和を謳うのとは裏腹に、各国の情報機関同士が一堂に会してセキュリティ協力を行うということはない。

情報機関員同士は、第三国での接触は慎むことになっているからだ。情報機関員はよほどの理由がない限り外国で他国の情報機関員と接触することは禁止されている。少なくとも、現地で情報機関同士がやりとりすることはほぼ考えにくく、連絡が必要ならば、遠回りになるがまず自国を経由して他国とやりとりすることになる。

例えば、フランスの情報機関がG7の安全確保のために情報収集する場合は、日本に在留する支局長を中心に、自国や日本周辺国からの応援が来る。彼らは、東京と広島、そしてその周辺で、情報収集や安全確認などの活動を行っていたはずだ。

こうした情報機関の人員は、国家間の関係がよくなったり悪くなったりすることで増減することがある。MI6の例を見ると、日本に来る人員はあまり多くはないようなので、それほど大きな仕事はできないだろう。つまりイギリスは、日本には本国にとっての脅威要素がそれほどあるとは見ていないことになる。

G7広島サミットでは、アメリカのジョー・バイデン大統領の来日が物議を醸した。米政府の債務(借金)の上限額について、連邦議会で話し合いが続き、「債務不履行」に陥る恐れが出ていたからだ。そんなことから、G7サミットの開幕直前まで日本訪問が実現するのかどうかが協議されていた。ただアメリカの場合は、バイデンの来日を見据えた状況では、必ず米財務省内の組織で大統領などの要人警護を担当するシークレット・サービスが「アドバンスチーム（先遣隊）」を送り込んでくる。このチームは、大統領が訪問する前にその土地が安全かどうかを確認するために活動し、第一陣から第二陣、第三陣、そして本隊が来る形で多重にセキュリティチェックを実施する。日本においては、シークレット・サービスが東京支局を持たないため、チームはハワイ州のホノルルからやって来る。

ある時にアメリカ大統領が訪日した際の出来事を私はよく覚えている。やはりアメリカから、アドバンスチームがやって来た。彼らは日本の警察庁に「現時点では、日本にアルカイダやIS（イスラム国）のテロの情勢なし」と確認して、言質を取りたがった。確認ができれば、脅威情報について調査リポートにそう書くことができるわけだが、警察庁の担当者はそんなことを発言して何か起きたら責任は取れないと尻込みしてしまった。そこで警視庁の窓口だった私が、当時の外事三課に問い合わせるなど情勢を確認して回答したことがある。それも、私がアフリカ某国での外交官の経験から、彼らが自国にケーブル・ドキュメント（公電）を送る必要があることを重々わかっていたからだ。

もちろん、日本のイスラム国家の大使たちとも普段から接触していたので、テロリストやテロに関する不審情報がその時点ではないことは確信していた。

そうして恩を売ることで、私はシークレット・サービスに貸しを作ることができたわけだ。シークレット・サービスは面白い組織で、そもそも米財務省内の組織であり、歴史的に偽札の情報を収集している。日本では偽札を扱うのは警察庁刑事局だが、偽札造りで知られている北朝鮮も絡んでくるので、外事警察も情報収集活動を行う。普段からアメリカに協力しておけば、こちらがアメリカの助けが必要な時に、ちょっとした無理を頼んでも返してもらえるようになるのである。

四
章

CIA・MI6の日本活動

アメリカ

住宅ローンのため手当ほしさに危険国に赴任する情報機関員

世界で最も有名な情報組織といえば、アメリカのCIA（中央情報局）で間違いないだろう。

アメリカでは、主に国内を担当する法執行機関であるFBI（連邦捜査局）に対して、CIAが世界各地に機関員を送り込み、アメリカの国益に関わる情報収集や工作に従事させている。その設立は戦後すぐの1947年で、当時のハリー・S・トルーマン大統領が、国家安全保障法に署名して発足した。それから、CIAには多額の予算が与えられ、世界各地でさまざまな工作活動が可能になった。CIAという名は、ハリウッド映画にも頻繁に登場し、世界的にも「スパイ」の代名詞になっている。

CIAは、予算の額も職員の数も機密事項であり、公開はされていない。ところが、元CIA職員で内部文書を暴露したスノーデンが明らかにした書類によれば、CIAの予算は約150億ドル（約2兆円）だ。職員の数も2万人を超える大所帯である。

アメリカのバージニア州ラングレーに本部を構え、アメリカの脅威を調べ、分析し、時には脅威を排除するための秘密工作や暗殺工作も実施する。

暗殺工作では、例えば、国際テロ組織アルカイダの最高指導者だったウサマ・ビンラディンやアイマン・ザワヒリの殺害オペレーションが有名だ。他の国ならば、あそこまであからさまに「自国民の敵を暗殺した！」と喧伝することはできないだろう。米海軍の特殊部隊であるネイビーシールズを使ったり、最新鋭の無人爆撃機まで飛ばす。そうしたオペレーションは、ＣＩＡに潤沢な予算があるからこそできることだ。

私はＣＩＡ機関員とも現場で付き合いはあったが、組織の規模については正直よくわからない。アフリカ某国など自分が滞在した先で情報交換をすることはあっても、ＣＩＡの世界的な展開となると、機密のベールに包まれている。私が知り得た限られた情報で全体像を知るのは容易ではない。

それでも私の経験からＣＩＡの「姿」に迫ることはできる。私はこれまで20カ国以上を訪問しているが、少なくともそれらの国では、間違いなくＣＩＡ機関員はいた。世界中で情報収集やオペレーションをしているのである。

公務として訪問した先で、ＣＩＡと接触したこともある。接触方法は、多くの場合、事前に自分が連絡を取れる支局に話をして、その支局を経由してアポイントメントを取る。実際に落ち合う場所は、映画に出てくるような高級レストランの場合もあるが、普通のカフェやレストランの場合もある。その国々の情報関係者と会う場合には、先方は面会場所について神経質に気を遣うことが多いが、ＣＩＡ機関員と会う際にはそういう部分をあまり気にしていないように感じた。

興味深いと思ったのは、連絡を取り合う際に番号が通知されない形で電話をしてくることだ。正直言うと、どういう電話を使っているのかはよくわからないが、少なくとも傍受や追跡ができないような電話なのだろう。私から連絡を入れる場合は極力、公衆電話を使うようにしていた。

またパーティなどの催しで会うことも多かった。アメリカの祭日であるセント・パトリックス・デーには、アメリカ大使館が主催するパーティがある。六本木にあるアメリカ大使館の館員宿舎敷地内のホールが会場になる。パーティのスタイルは、カクテルを飲みながらの立食パーティだが、ＣＩＡもＦＢＩも参加しているので、その場でいろいろな人を紹介されることがある。そこでの名刺交換からつながって、後日会うこともある。これは私の個人的な経験だが、そこに参加していた民間企業の関係者からヘッドハンティングのような誘いを受けたこともあった。要するに、この手のパーティは、そうした出会いを提供する場になっているのである。ちなみに、公安警察としては、アメリカ資本の大手企業で、ＣＩＡに協力している企業についてはある程度は目星をつけていた。

私は大使館の連絡担当として長年勤めたので、その界隈では、もはや生き字引のような立場だった。駐日米大使も3人代わったし、ＣＩＡなど情報機関やＦＢＩなどの法執行機関の人たちの入れ替わりも把握していた。ほとんどが大使館に詰めているが、大使館だけでなく、総領事館にも機関員を配置しており、そう考えるとアメリカは日本に最も多く情報機関員を置いている国のひとつだといえるかもしれない。

係長級のポストである二等書記官として日本にいたアメリカ人外交官が、一旦帰国したのちに一等書記官に出世して再赴任してきたケースもあった。アメリカで住宅ローンがまだ残っているから、危険手当をもらうために自ら望んで危険な国に異動していった人もいれば、危険な国から比較的安全な日本に異動してきて喜んでいた機関員もいた。

また別のアメリカ大使館主催イベントでよく覚えているのは、7月4日の独立記念日に開催されたパーティだ。会場は、大使公邸。その日は、大使館の商務部や領事部、東京に拠点を置く各機関が招待したさまざまなゲストが参加する。日本の政治家や官僚、そして外務省職員の姿も見かけた。

アメリカ以外の国の大使や外交官も招待していて、かなり多国籍なパーティである。警備を管轄している赤坂警察署の署長をはじめ、警察庁や警視庁からも関係者が出席していた。そこでＣＩＡなどが参加者の動向を見るわけだ。

ＣＩＡは各地にある支局長をトップに、一等書記官や二等書記官の肩書で活動する機関員が何人かいる。そういう頭数がいる体制だからこそ、活動のスピードが全体的に早く、自由度も高く、多くのオペレーションを同時に進められる。一方でアフリカ某国時代の私ときたら、領事としての事務的な雑務と大使館の仕事をこなしつつ、「私が留守の間はお願いします」と、各所に頭を下げて、人に会うために出掛けて行くのである。しかも、非常に限られた予算で情報収集活動をしていた私のような警備対策官とは、ＣＩＡともなれば大違いである。日本の外事警察も情報活動を優先して、何か思いついたらすぐ動けるような体力が組織にあれば、もっといろんなことができるだろう。

そういう活動は普段から幅広くやっておく必要がある。それが後々、自国の利益となるものだ。例えば、２０１３年にアルジェリアでイスラム系過激派組織が天然ガス精製プラントを占拠して日本人を含む37人が殺害された事件を記憶している人も多いだろう。かなりインパクトの大きいニュースだった。

この事件では、現地の日本の在外公館がテロ情勢の情報を把握できていなかったと批判された。そもそも、普段から情報収集活動で方々と関係を築いていなければ、いざという時に情報は入ってこないし、迅速な対応をできるはずがない。このテロ事件が起きてからは、防衛省の防衛駐在官を在外公館に増やすようになった。ただ、まだ人数や機能が十分とはいえないと聞くので、引き続き、体制の強化は続けてほしいと願う。CIAの体制に触れた身からすれば、こうした体制は見直すことができないかと常々考えている。

CIAに協力している日本人は多くいる⁉

実際に現場で感じていたCIAのイメージは、とにかくいろいろな情報を大量に持っていることだった。アフリカ某国に駐在していた頃も、現地のCIAは非常に身軽で、自由度が私とは雲泥の差だった。改めて言うが、大使館の領事を兼務していた私は、実際に窓口業務など様々な仕事を兼務する必要があった。一方でCIAは、部下もいればアシスタントもいるし、情報収集のために自由に各地を飛び回っていた。予算も情報量も桁違いなのである。

ＣＩＡが求めている情報は、「アメリカに関することならなんでも」である。日本にいるアメリカ人の情報や、アメリカ大使館や外交官にからむ情報、アメリカ本土に影響を及ぼすような情報も集めている。アメリカはＣＩＡのみならず、日本の外務省と同じ役割の国務省も、国土安全保障省（ＤＨＳ）も、情報を扱う担当者がいる。

アメリカ大使館では、週に一度、セキュリティミーティングを行っているようだ。そこでそれぞれの組織の支局長が集まって情報を交換している。ＦＢＩや米麻薬取締局（ＤＥＡ）も加わって、いろいろな話をしているという。

ＣＩＡといえば、外交官の身分を持っている機関員たちが、協力者を多く抱えている印象だ。軍内部や基地周辺は当然のこと、日本にいる一般市民や外資系企業、さらに普通の民間企業にも、協力者であるスパイが入り込んでいると理解していた。どのように身分を隠しているのか細かいところまではわからないが、網を張っている。とにかく、さまざまな情報を徹底して収集しているのは確かであり、そういう意味で恐ろしさを感じていた。

日本の警察としてこちらから聞きたいことがある場合には、直接会って「こういう情報があるけれど、何か知っているか。何か関連情報はないか」と尋ねることもあった。いつも欲しい情報が得られるわけではなかったが、友好国なので、無下にされるようなこともなかった。

日本では、CIAとのやりとりは公式に警察庁が取り仕切っている。そこが円滑にいくように、現場にいる警視庁公安部に属する私のような存在が、間を取り持つような役割を担うことも少なくなかった。例えば、2010年代にアフガニスタンの米軍基地でイスラム教の聖典・コーランが焼却される事件が起きた際には、日本でもパキスタン人をはじめとするイスラム教徒たちが、金曜礼拝後にアメリカ大使館や領事館に押し寄せてくるというデモ騒動が発生した。この時は、CIAが日本でのデモなどの動向を調べていて、デモの参加者たちや誰がリーダーなのかについて探っていた。そして日本の公安警察の見解も知りたがっていたので、情報交換をしたのを記憶している。

CIA幹部は日本政府中枢の人間と会っている

CIAは日本で、情報収集以外の工作活動もひっそりと行っている。

ある時、警察庁の知り合いから呼び出しを受けたことがあった。当時私は、警視庁公安部から外務省に派遣され、アフリカ某国の在外公館の勤務から帰国したばかりだった。関係者に挨拶に回るなどあちこち動くなかで、知り合いから期間限定で、任務の依頼を持ちかけられたのである。

その知り合いが言うには、外交官の肩書を持つスパイが、日本の政界にロビー活動をしている噂があるとのこと。そこで私に、「そのような情報があったらどんなことでもいいから教えて欲しい」と、特命が下りたのである。その警察庁の関係者は内閣情報調査室に出向しており、スパイが日本で政界工作をしている可能性があることを調べていた。その話から、私は内閣情報調査室がスパイのロビー活動にも敏感に目を光らせていることを肌で感じた。ただ、あからさまにCIAを含めたスパイを調べると、それが露呈した際に国家が絡んだ大きなトラブルになるため、内閣情報調査室もそれを恐れて目立たないように情報収集をしていたようだった。

一口に政界工作といっても、単純な話ではない。これはどこの情報機関にもあてはまるが、自国に有利になるような世論形成や、自国のイメージをよくするための活動、さらに自国にとって不利な世論を小さくしようとする動きはある。ロビー活動はその際たる例だが、CIAがアメリカの利益になるような動きをしていることは調べなくてもわかる。

またこんなエピソードもある。時々、CIAの副長官などの幹部が、日本の官房副長官や警察庁幹部、公安調査庁幹部に会いに来ることがある。随員や先遣隊と日本支局の手配で私も会うことがあったが、CIA関係者は、非公式に日本政府関係者らともすぐに会える関係性にあった。

CIA幹部が来日する場合は、東京都にある米軍基地を使うことがある。長官クラスになるとしっかりと外交日程を決めて来日するが、それ以外の幹部は軍用機に乗って米軍基地に降り立って来日する。まるで、日本がアメリカの裏庭であるかのように、自由に出入りしている印象だった。

持ち出し不可、目で覚えることしか許されないテロ情報

CIAとのやりとりの中で、驚くような体験をしたことがある。

10年ほど前のことだが、CIA東京支局の関係者の案内で、日本国内のある米軍基地に行ったことがあった。施設内の面会所のようなところに入ると、ペーパーを手渡された。米情報機関の機密情報には、トップシークレット（機密）、シークレット（極秘）、コンフィデンシャル（秘）と3段階に分かれている。そうした機密文書のなかには、コピーやメモ、

持ち出しができず、見ることしかできない「Ｅｙｅｓ Ｏｎｌｙ（アイズ・オンリー）」と指定された書類がある。

私が案内された場所で渡されたのは、まさに「Ｅｙｅｓ Ｏｎｌｙ」と書かれたペーパーだった。

「これを読んで覚えてくれ」

そう告げられて、その情報を日本のある公的機関に「運んで欲しい」というのである。「これは正規ルートを通せない情報だから、こういう形をとっている」と説明を受けた。日本に危険が及ぶ可能性があるテロ関連情報だった。

アメリカの情報機関は通信傍受も行っているので、かなりの確度の高い情報を持っていることは予想できた。

ではなぜ、私にこんな任務をさせたのか。実はＣＩＡでも、公的な窓口を信用していない人は少なくない。縄張り争いや情報の抱え込みなどで、重要情報が適切な部署に伝えられない可能性があるからだ。せっかく国家の安全に関わる貴重なインテリジェンスを伝えても、内部のゴタゴタでお蔵入りになってしまうようなことになれば目も当てられない。

そういうところから派生する日本の情報伝達や情報管理に不満があり、もどかしさを感じている状況がアメリカ側にはあった。そこで、私が情報の運び屋になったわけだ。

ＣＩＡの日本における工作は、あまり表立って見えることはない。ＣＩＡ機関員も、中国スパイと同様で、情報収集活動の現場に出てくることは少ないようで、泥臭い情報収集の仕事は人や金を使って行っていると思う。ＣＩＡは金に糸目はつけないので、それなりの金額を払って民間の調査会社や個人を使っての情報収集をしているはずだ。

ＣＩＡ vs. 北朝鮮サイバー攻撃部隊

私は、ＣＩＡの情報収集に立ち会うこともなければ、その全容を教えてもらえる立場にもない。だがある時、ＣＩＡ機関員にこんなことを聞かれた。

「ステガノグラフィというのを知っているか？」

聞くと、ステガノグラフィは北朝鮮スパイが使う通信手口で、パソコン上の画像のなかに情報を埋め込む技術だという。もともと北朝鮮の手口だということだったので、私は韓国の情報関係者に話をしてみた。すると、その人はやはりすぐに反応した。

「この手口は知っていたが、日本にいる北朝鮮関係者が使っているというのは耳にしたことがない」

そう言うのである。ＣＩＡは、それを知りたい理由をこちらには説明しなかった。おそらくその時点で、ある程度、その技術を使っている人を絞り込んでいたに違いない。私はそれまでの付き合いで、ＣＩＡというのは、そういう組織であることを知っている。

それから数年が経ってから、韓国の情報関係者が私に「見つけた！」と報告してきた。韓国の国家情報院がステガノグラフィを使っている人物を見つけたのだという。その人物は北朝鮮に協力しているスパイで、ステガノグラフィを使ってやりとりをしていたのだろう。

恐ろしいのは、最初の段階で、ＣＩＡは北朝鮮スパイのそんな通信手口も把握しており、それを使って通信していた人物も、日本である程度絞り込んでいたことだ。さらに重要なことは、私の知る限り、日本の情報機関が北朝鮮スパイ網に関して、重要な人物の存在を致命的に見逃していることだった。

在日アメリカ大使館に現れた不審者

ＣＩＡが、世界中でやりたい放題に情報収集活動をしてきたのは間違いない。それは日本においても同じだ。日本の警察ではなかなかできないGPSの位置情報発信機を使った追跡は、CIAなら調査会社や探偵会社を雇って容赦なくやるだろう。監視カメラを設置するのも同じだ。ただ決して自分たちの残り香を留めるようなことはしない。

こうした狡猾《こうかつ》な動きは、日本の公安でも把握できないくらいにレベルが高い。例えばCIAはドイツのアンゲラ・メルケル元首相の携帯電話を盗聴していたが、ドイツの情報機関でもそれは把握できていなかった。

CIAは日本で調査が必要になった場合、日本の警察や公安調査庁に協力を依頼することが多いが、時に民間の調査会社も使う。民間の調査会社を使う理由は、依頼元をわからないようにするためだ。とにかく、目立たないような隠密活動を繰り広げているのである。日本の外事警察が、スパイ防止法がないために尾行の技術を発展させてきたのと同じように、アメリカのCIAは、議会や委員会からの厳しい監査の目に晒され、民主主義的な手続きも踏む必要があるために、できる限り目立たないように活動をする技術が洗練されてきたのであろう。

もっとも、CIAのそんな活動は世界から反発を買ってきた。世界最大の経済大国であるアメリカは、これまで世界各地の紛争に首を突っ込んできたために、世界中でテロの対象となってきた。その象徴であるＣＩＡも同じように「戦犯」の扱いを受けることが多い。

六本木にあるアメリカ大使館宿舎も例外ではない。職員のための宿舎も警備は徹底している。敷地はかなり広く、居住棟がいくつもあり、ＣＩＡやＦＢＩの職員のための宿舎や、テニスコートも完備されている。

そこである時、不穏な騒動が起きた。

大使館に勤務する外交官の子どもが、通っていたインターナショナルスクールから帰宅していた時のことだ。送迎のスクールバスを降りて宿舎に向かって歩いていたところ、髭《ひげ》を蓄えた怪しい男たちに声をかけられたのである。宿舎の入口と裏口にはもちろん警備員がいたが、そこに行き着く手前での出来事だった。男たちは、「ここ（宿舎）に入りたいんだけど、どうしたら入れるのかな？」「入口は2カ所以外にもあるの？」と、子どもたちに尋ねたという。

子どもたちは帰宅後、その出来事を親に話したため、大きな騒ぎになったのである。もちろん監視カメラの映像が確認され、ＣＩＡ東京支局によって分析が行われた。そして警備担当の外交官から、警察である私に連絡が入り、管轄警察署と安全対策を実施した。

アメリカ大使館は最初、警察庁に連絡したようだったが、待たされた割に、期待するような回答が得られなかったらしい。

日本にいても、アメリカは狙われているのである。CIAはそれを踏まえた上で、比較的安全な日本でも、緊張感をもって仕事をしているのである。

イギリス

リアル007「MI6」

イギリスの対外情報機関といえば、MI6（SIS＝秘密情報部）である。MI6は世界でも最も歴史ある情報機関のひとつだ。MI6が設立されたのは1909年のことで、当時、台頭するドイツ帝国の脅威から生まれた。

実は、イギリス政府は1993年まで、MI6の存在そのものを公に認めてこなかった。当時のジョン・メージャー首相は、英議会における答弁で初めて、政府直属の対外情報機関である秘密情報部MI6が世界で活動していることを公表した。

MI6の職員数はそう多くない。イギリス政府の発表では、その数は約3600人。これは2万人以上の職員を抱えるCIAに比べると、かなり規模が小さいといえる。

私のＭＩ６に対するイメージは、ＣＩＡとは違ってあまり日本には興味を持っていないのではないか、というものだった。現在、イギリスにとって日本は脅威となる存在ではないし、情報関心も他の国と比べるとそれほど強くない。とはいえ、在日のイギリス大使館には、ＭＩ６の日本支局があるようだ。

私がアフリカ某国に赴任していた時に見たＭＩ６は活発に活動しているという印象だった。内容はテロ情勢の情報収集がメインで、現地に在住の自国民の生活にどんな脅威が存在するかを調べていた。イギリスは植民地時代からの英連邦の国々があるので、各国にそれなりの人数を配置していたようだった。

アフリカ某国のイギリス大使館では、ＭＩ６などの情報部門と警察部門とがはっきりと分かれており、お互いあまり行き来しないようだった。アメリカ人のようなフレンドリーさはなく、本当に必要がある時以外は連絡をすることはない。まさに、ビジネスライクな関係だった。

日本にいるＭＩ６は、日本について何を求めているのか。それはやはり、自国と自国民に対してどんな脅威があるのかの情報を集めることに尽きる。特にテロ情勢は大きな関心事だった。ひとつ記憶に残っているのは、２０１６年の伊勢志摩サミットで、自国から首相が訪日するということもあって、首相に対する危険情報やテロリストの動きを重点的に情報収集していたことだ。

ＭＩ６の日本側の窓口になっているのは、内調と公安調査庁、そして警察庁警備局外事情報部の３つだ。それぞれの組織が窓口を設けているのだが、ＭＩ６は日本に情報提供する際にこの３つに振り分けているようだった。内調には警察庁から出向している人たちがいて、外から見ると、警察の連絡窓口が内調と警察庁の２つあるような形になっている。こうした複数の窓口が、競ってＭＩ６を取り合いするような様相になっている。

先に述べた金正男拘束事件の際には、ＭＩ６は公安調査庁を選んだ。そこには裏に太いパイプがあったのだろうと私は見ているが、公安調査庁には特定の国についてとてつもなく詳しい専門家が存在しているので、それが影響したのかもしれない。

北朝鮮が絡んでいるかもしれない核情報

アフリカ某国で勤務している際に、ＭＩ６やＣＩＡの「情報収集合戦」を垣間見たことがある。十数年前のことだが、アフリカ某国で、原子力施設に絡んだ問題が発生したことがあった。

かつてその国では核開発が行われていた。現地にいる世界の情報関係者たちは、首都圏にあるGという施設に、もう使わなくなった核開発の関連技術情報が集約されていることを知っており、その事実は公然の秘密だった。扱い方によっては危険になるその核関連技術を手に入れたい国家や勢力もあったので、その施設には厳重な警備が敷かれていた。実は、世界の情報機関にとっては、その安全を確認することが、そのアフリカ某国に関心をもつ理由のひとつになっていた。

私がアフリカ某国の大使館に勤務していた当時、この施設が武装強盗に襲撃されるというとんでもなく危険な事件が起きた。施設から、パソコンが大量に盗まれたのである。この一件は数日経ってはじめて一般に報じられたのだが、私はアフリカ某国で普段から人脈を築いていたこともあって、現地の情報当局から早い段階で知らされたのである。知り合いの当局者から電話を受け、「本当は電話でこんなことを言ってはいけないのだが、G施設が大変なことになっている」と告げられた。

日本人としては、何が盗まれたのかということと、日本の懸念国で核開発を行っている北朝鮮がその事件に絡んでいないかどうかを知る必要があった。というのも、このアフリカ某国には北朝鮮の大使館が存在し、外交官もいる。国内に北朝鮮のプレゼンスがあるため、そこに核関連技術が流れる可能性もあった。実際に北朝鮮が情報を入手するようなことがあれば、日本にとっても重大な問題となる。

この情報を得たのは、ＣＩＡやＭＩ６よりも私のほうが早かったと自負している。ところが、私がさらなる情報収集に走っている間、やはりＣＩＡやＭＩ６の情報収集能力には目を見張るものがあった。他に負けじとそれぞれが一気に情報活動を激化させたのである。私の関心が北朝鮮に寄っていたこともあるが、ＭＩ６が独自の人脈を駆使してスピード感のある情報収集能力の高さを見せつけた。ＭＩ６はいつの間にか現地の対外情報機関や軍の情報機関にも確認を行っており、検察庁の特捜部がこの事件について捜査を主導することも把握していた。

私は有給休暇を取ってこの調査に当たった。だが結局、武装強盗は強固なセキュリティを前に施設内部には入ることができず、前段階でガードマンのパソコンを奪っただけだった。不幸中の幸いだが、その後、北朝鮮の影も確認されることはなかった。

ＭＩ６が一番日本に協力者を忍ばせている⁉

ＭＩ６機関員と日本で会う場所は、イギリス大使館やレストランだった。大使館に尋ねて行く場合は、大使館の中に入ってしまえば安全で、周囲も気にする必要はない。だがレストランで会う時には、やはり気を遣った。時間差でレストランに出入りし、点検や消毒は欠かせなかった。相手に迷惑をかけるわけにはいかないからだ。

ＭＩ６機関員にとっても、日本勤務はそれほど緊張感のあるものではなかったようだ。私が大使館担当をしている間に、支局長は３度代わったが、彼らもゆったりとしていた。一人目は家族思いで、二人目は会食が大好きで美味しいレストランの話をすることが多かった。三人目は日本語が堪能だったのを覚えている。

またＭＩ６は、関心国の情報機関員の異動動向も把握しているので、そういう情報が日本にもたらされることもあった。例えば、Ｈ国大使館には秘密工作を行う悪名高い情報機関から赴任しているスパイがいた。ある時、これまで在イギリスのＨ国大使館で、武官の下で事務技術職員という身分で動いていた情報機関からのスパイが、一旦Ｈ国に帰国した後に、日本のＨ国大使館勤務になったということを、ＭＩ６が知らせてきたことがあった。このスパイは、日本にあるＨ国人コミュニティをつぶさにチェックしていた。

Ｈ国はイスラム教国だ。国内には、イスラム教スンニ派とシーア派のどちらも暮らしている。シーア派は国境州に多く暮らす少数派であるが、日本ではシーア派Ｈ国人らが、シーア派国家であるＸ国大使館で礼拝に加わったり、Ｘ国大使館関連のイベントに出るなどしていたので、Ｈ国の情報機関員は彼らの動きについて情報収集をしていたのである。そんな動向もＭＩ６は気に留めていた。

私の印象では、ＭＩ６は、日本で古い歴史のあるイギリス大使館で、長い時間をかけて培ってきた基盤があるように思えた。日本には戦前から、イギリス関係の企業やイギリス人大学教授がいたので、そこから人脈を広げて協力者との関係も築いている印象だった。日本に長く住んでいる学者や研究者など日本語が堪能なイギリス人を使って情報収集をしていると見ている。

時には、自国だけでなく、香港など別のアジア地域からＭＩ６の関係者が来るので日本の情勢についてブリーフィングをしてほしいと依頼されることもあった。だがそれ以外では、私たちに接触してくることはほとんどない。イギリスは、昔から世界各地で植民地をたくさん持っていた強みもある。アメリカのように金と人に物を言わせて情報収集活動するのとは違い、歴史的に構築してきた人脈で現地に根づいているという印象を持っている。

五章

日本にとって最大の脅威国家

中国・ロシア・北朝鮮

中国

日本では数万人規模の中国スパイが活動している

「スパイ」の数を正確にはじき出すのは無理だ。

なぜなら、スパイというのは、スパイ行為をしている人のことを指すのか、それに協力している人を指すのか、あるいは、知らず知らずに協力している人を指すのか、またそのすべてのことをいうのかによって定義が変わってくるからだ。

中国スパイは人海戦術を使っていると各国の情報機関から分析されている。つまり、スパイ行為に関わっている人がかなり幅広くいて、その境界も曖昧である。

よく「日本にいる中国スパイの数はどれほどなのか」という質問を受ける。だが正確な数字を出すのは容易ではない。2018年当時、中国大使館には数人のスパイがいた。さらに各地の総領事館にも配置していた。それでも、実際の数はわからない。

中国大使館内にいるスパイは、スパイマスターを頂点にピラミッド型の階級制でまとまったグループがあるというような、単純なものではない。というのも、情報機関員にも、中国共産党系と人民解放軍系がいて、それぞれが独自のネットワークを築いて活動しているからだ。

外交官の身分を持った中国スパイは、先にも述べた通り、絶対に現場には姿を現さない。他の情報機関と違って、パーティを開催して人脈を広げるようなこともない。現場では、協力者や末端で動くスパイたちが実働している。これは、オペレーションの指令がどこから出ているのかをわからなくする目的で、「間に人をかませる」という戦略的なやり方なのである。そういう人たちが把握できないほど無数にいるので、すべてを合わせた数字は非常に把握しにくくなるわけだ。

ただ推測はできなくはない。日本国内で広がる中国の情報網を知るのには、オーストラリアの例が参考になるだろう。京都大学の中西輝政《なかにしてるまさ》名誉教授によれば、オーストラリアには2500万人の人口がいて、そこに数千人の中国系スパイがいるという。一方で、日本の人口はオーストラリアの5倍以上になるので、単純計算すると、数万人規模で日本に中国スパイがいることになる。

中国には、情報機関である国家安全部（MSS）と、国内の公安組織である公安部（MPS）がある。人民解放軍にも、ヒューミント（HUMINT）やシギント（SIGINT）を担当する部隊がいくつも存在している。

基本的に、彼らは情報をお互いにあまり共有していないようだ。それぞれが自分たちの組織のためだけに動き、実績も別だ。ロシアのＧＲＵやＳＶＲがお互いに情報を共有しないのと似ている。

では、中国の情報機関の協力者であるスパイは、どこに潜んでいるのか。中華料理屋の店主やアルバイトの中国人がスパイであることも十分にあるが、スパイは大きく分けると２つのパターンがある。

ひとつは、普通の民間人でスパイの世界とは無縁だった人が、いい職場に就職していたり、いいポジションで仕事をしているために、協力者になっていくケースだ。つまり、リクルートされるパターンである。

もうひとつは、中国本土に進出している日系企業や、外国資本の企業が、中国人社員を雇うと、その社員のなかに企業の内情を報告する共産党の連絡要員が混じっているパターンだ。監視役というのが正しい言い方かどうかはわからないが、密告や隣組制度のような形で内情をスパイされる。

これと同じようなことが、日本国内でも当然行われている。企業の中身だけでなく同胞の動きもチェックしているのである。

企業だけでなく、何かのグループや団体に一定数の中国人がいればそのなかには中国大使館や中国共産党の息のかかった人が入っている可能性がある。その司令塔のような役割をして、間に人を挟みながら存在しているのが、大使館にいるスパイマスターだと見ていい。そう考えると、あなたのすぐ隣にいる中国人がスパイかもしれない。

中国スパイの協力者は、飴と鞭で籠絡《ろうらく》される。飴は、中国にいる親の年金をアップするという約束だったり、兄弟や親族に公務員がいれば出世が早くなるなどと口説く。スパイとして協力すれば、保険の手続きや学校の入学、いろいろな場面で優遇されるとちらつかせるのである。さらに、スパイに協力したらお小遣いのような報酬ももらえる。副業になるわけだ。

逆に、協力を渋ると恐ろしい鞭が飛んでくる。「実家の親がどうなるかわからないぞ」「お兄さんの出世がどうなってもいいのか」「将来中国に帰国した時に、自分の子どもの教育に支障が出るかもしれないぞ」などといった具合に脅し、強制的に協力者にするのだ。

さらに中国スパイといえば、最近増えている「国籍ロンダリング」をする中国人にも触手《しょくしゅ》を伸ばしている。まず国籍ロンダリングとは、中国人が国籍のとりやすいオーストラリアやカナダで市民権とパスポートを獲得し、それを使って中国とは関係ないような顔をして日本にやってくる。そういう人たちのなかにも、中国スパイに目をつけられて、実際に協力者になってしまう者も少なからずいるようだ。

中国スパイは、日本に馴染みやすい。同じ東アジア人なので、街のなかにも溶け込みやすいのである。そういう意味では、世界中から来ているどの国のスパイよりも、日本では中国や韓国、北朝鮮スパイが活動しやすいことになる。日本には中国系の四世も五世も暮らす歴史的なつながりもあるからこそ、日本にとっては中国が他のどの国のスパイよりも大変な脅威になっている。私たちのすぐそばで、日本人のような顔をしてしれっとスパイ工作に勤《いそ》しんでる可能性がある。

在日ウイグル人を密かに弾圧しようとしている

数年前、私は、日本ウイグル協会（中国政府によるウイグル人への弾圧や人権侵害に抗議するために情報発信を行っている非営利組織）の幹部から相談を受けた。新疆《しんきょう》ウイグル自治区から逃れてきた協会の会員の親族が、中国に帰国した際に中国当局に身柄を拘束されてしまったという。これは、中国政府がウイグル人に行う恐ろしい圧力と監視の一例で、その手法は極めて非人道的である。

中国政府は、ウイグル人の反共的な立場やイスラム教の信仰を理由に、彼らを弾圧してきた。特に新疆ウイグル自治区では、多くのウイグル人が強制収容所に収監され、拷問や性的虐待を受ける事例がかなり報告されている。これらの行為は国際社会から人権侵害として厳しく非難されている。

この事件では、中国政府がウイグル人コミュニティに対する圧力を一層強化していることが浮き彫りになった。そして中国当局は、日本ウイグル協会の会員に接触し、協力を持ちかけた。会員に対して「友達になって協力してくれないか」と提案。さらに驚くべきことに、中国当局は会員がまだ日本に帰化していないことを把握しており、帰化手続きを早める手伝いをするとの申し出も行っている。この手の提案は、中国政府がウイグル人の活動や情報を収集しようとする試みの一環なのかもしれないと分析されている。

日本で暮らすウイグル人たちは、帰国すれば拘束される危険性があるため、日本国籍の取得を希望している人が多い。一方で、帰化できていないウイグル人たちは、中国政府による監視を避けるために、隠れて生活しなければならなくなっている。中国政府の監視活動は、個人のプライバシーや自由を脅かすレベルで行われるので、かなり厳しいものだと言える。

日本ウイグル協会の活動は、ウイグル人の権利を守るために極めて重要な役割を果たしている。協会は、情報発信を通じて国際社会にウイグル人の苦境を訴え、中国政府による人権侵害に対する国際的な非難を喚起している。その存在は人権侵害に立ち向かうための不可欠な要素であり、国際的な協力関係が必要だ。

中国人留学生にスパイ行為をさせることがある

中国の情報機関の大きな特徴として、留学生を活用する手法が挙げられる。特に最近、これまで以上に留学生をスパイ要員にリクルートする傾向が強まっている。リクルートの対象になっているのは、留学中の学生に始まり、留学経験者や留学後に日本に引き続き滞在している中国人、さらに日本企業に就職をした中国人が狙われる。

留学生や留学経験者を使う理由は、まず日本人から疑われにくいことがある。また、効率もいい。そんなことが本当にできるのか、と不思議に思う人もいるかもしれない。しかし、現実に起きている。実際に、Bという日本企業から中国側が情報を盗もうとしたことがあり、この時は、B社に在籍している留学生あがりの中国人に声をかけていた。

既に述べた通り、江東区には教育処と呼ばれる大使館の別館がある。そこには中国人留学生の過去と現在の膨大なデータベースがあり、そこの情報をもとに、B社で働いている人を見つけだして接触していくのである。当然ながら、中国スパイは、大使館から与えられる個人情報も現住所も入手している。

留学生でなくとも、もちろんスパイの協力を強いられることがある。留学生に対して行うのと同じような文言でリクルートしてスパイにしていく。そして、一度協力してしまえば、なかなか抜け出せなくなるのが、中国スパイの怖いところだ。相手にはさまざまな個人情報を把握され、会社を裏切ってしまった以上、もう普通の生活には戻れないと脅されるのである。これで怖くなって実際に警察に逃げ込んでくるケースもあり、そういう場合は警察もしっかりと助ける。まず被害者には警護をつけ、その上で実際にスパイを強いている相手に会いに行って、「被害届が出るぞ」と告げれば、相手のスパイは諦めるしかなくなるのだ。

例えば、2020年に発覚した大阪市の大手化学メーカー・積水化学工業が舞台になったスパイ事件では、スマートフォン関連のテクノロジーを、社員が中国企業に漏洩した。

結局、この社員は不正競争防止法違反の罪に問われ有罪になっている。このケースでは、中国の広東省《カントン》に本社を置く通信機器部品メーカーの潮州三環グループの社員が、ＳＮＳのリンクトインで積水化学の社員に接触して企業秘密を送らせていた。しかも、この社員は退職後に別の中国企業に就職したことも判明している。

これ以外にも、中国人元留学生が絡んだ事件は、日本でいくつか摘発されている。２０２１年には、人民解放軍の兵士の妻から指示を受けた元留学生に、中国では購入できない、日本製の企業向けウイルス対策ソフトを不正に購入しようとした詐欺未遂容疑で逮捕状が出された。ただこの元留学生はすでに帰国して中国にいたために、日本の警察は逮捕することができなかった。元留学生はさらに、同じ兵士の妻から命じられてＵＳＢメモリを中国に送ったり、日本国外からサイバー攻撃を行うことができるように日本国内のレンタルサーバーに契約していたことも判明している。このレンタルサーバーは後に、三菱電機やＩＨＩなど防衛に関わる企業や、ＪＡＸＡ（宇宙航空研究開発機構）など約２００の研究機関や企業の機密情報を狙ったサイバー工作に使われた。

こうしたケースが続いていることに、日本の警察当局もこれまでになく警戒心を強めている。特に、第一次岸田政権になってから、内閣府特命担当大臣（経済安全保障担当）を創設したことで、外事警察の流れが大きく多く変わった。経済安全保障では、一番の主眼は中国である。

警察庁警備局外事情報部は2020年10月、ロシアや中国を主眼にした経済安全保障の専従班を設置した。アウトリーチ（啓蒙）活動もはじめ、中国やロシアのスパイの手口を民間企業に伝え、産業スパイの注意喚起を行うことにしたのである。47都道府県警の外事警察が企業に出張っていき、産業スパイへの手口を紹介するという活動も行うようになった。また、企業の関係者を集めて勉強会のような活動も始めている。さらに公安部は、ＦＢＩが制作して公開していた中国スパイ対策動画を研究して、同じような動画を制作して日本人向けに公開している。

また、実際に被害に遭っている企業にも接触して注意するようにもなった。

これがいま、外事警察の間で大きな流れになっている。積極的に手口を紹介して、企業の関係者たちにも怪しい行為を知ってもらおうという試みである。少し前なら、公安が、民間にスパイの手口を教えることはあり得なかった。なぜなら、スパイ側に情報が漏れて対策を取られてしまうからだ。だが、もうそうは言っていられないくらい状況は深刻で、加えて、とても警察だけのマンパワーでは対処できないレベルになっている。産業スパイ行為はいろいろな国が仕掛けてくるが、広く網を張らないと、中国のような狡猾な相手には対峙できない。

民間のセキュリティ企業でも、企業からの相談は増えているようだ。経済安全保障のなかにはサイバーセキュリティの脅威も含まれているので、その分野も需要が高まっている。実は、経済安全保障大臣が創設される前は、現在私が行っているような外事警察出身者などが民間企業に転職してスパイ対策や経済安保関連のサービスを提供することは考えられなかった。だがいまは警察出身者が民間でスパイ対策などを広める活動は、警察からも歓迎ムードになっているようで、警察側の空気もガラッと変わったという印象を受けている。経済安全保障については、後章でも触れたいと思う。

アウトリーチ活動が始まってから、警察への通報や相談は増えている。国民の意識も変わりつつあるということだろう。

中国がスパイを潜入させている日本企業は多数ある

中国がいま、日本で最も欲しい情報は、日本が持つ最先端技術だ。

例えば、最近ニュースになったが、デジタル化・自動化して効率的に農業を行うスマート農業だ。2023年4月、日本の電気機器メーカーに勤めていた中国人男性が、スマート農業に関する情報を不正に持ち出し、中国にある中国企業の知人2人に送信していたことが発覚。不正競争防止法違反容疑で捜査されていたことが明らかになった。この中国人男性は中国共産党員であり、中国人民解放軍ともつながりがあると判明したが、警察の捜査が進むさなかに出国してしまっている。

中国政府は近年、食料安全保障を掲げている。その対策の一環として自国農業を現代化しようとしているのである。このスパイ事件はその流れに合致するもので、ますます中国政府の関与が疑われる。

産業スパイもかなり深刻だ。事件化できたものは、まさに氷山の一角に過ぎない。というのも、企業側も産業スパイ事件に巻き込まれると、あまり警察に協力的ではないからだ。なぜなら警察をそもそも信用していないというのも考えられるが、まったく気がつかなかったという企業幹部も多い。また、産業スパイの被害にあった事実が表沙汰になると自社の評判が落ち、株価が下がったりして株主にも説明しなければならなくなる。そういう理由から、スパイ行為の手口が表に出てきにくくなる傾向がある。ただ被害は深刻で、中国人が会社を辞めたので後片づけをしながらパソコンをチェックしてみると、社内のあちこちの部署のデータにアクセスしていたことが発覚するケースもある。おそらく、情報は持ち出されてしまっているだろう。

そして軍事の情報ももちろん、中国は狙ってくる。２００５年に実際にあったケースを紹介しよう。警視庁生活安全部が健康食品を扱う企業で働いていた中国人女性を薬事法違反で逮捕した。厚生労働省の許可なく健康食品を販売していたのである。この捜査で、捜査員は女性の自宅に家宅捜索に入った。すると、捜査員も想像していなかったあるものが発見されたことによって、この事件は新たな展開を見せた。何が出てきたかというと、現役の海上自衛隊の海将補についての大量の資料が見つかったのである。

さらなる捜査によって、この中国人女性の夫が、中国大使館に駐在する武官であることがわかった。この武官も人民解放軍に所属しており、海上自衛隊の海将補と接触を繰り返していた。当時、中国はロシアから購入した潜水艦のスクリュー音の大きさに不満を持っており、日本から音の静かなスクリューの技術を盗めないかと考えていた。そこで海将補が狙われていたのではないかと私たちは見立てていた。だがこの武官も警察の捜査が及ぶ前に、中国に帰国してしまった。海将補も、スクリューの情報は渡していないと主張したため、このケースが立件されることはなかった。

日本の有名女優似の留学生がハニートラップを仕掛ける

中国は、世論工作も行っている。その最たる例は、政界への工作だ。日本ではかつて、橋本龍太郎元首相が中国人女性のハニートラップに見事に掛かってしまったことがよく知られている。ハニートラップとは、色仕掛けで行う情報活動のことだ。橋本元総理のケースでは、中華人民共和国衛生部の通訳を名乗った女性に橋本氏は籠絡された。それ以外でも、最近になって中国人女性との関係を週刊誌に書かれている自民党の参議院議員もいるので、ハニートラップは今も行われていると考えられる。

ハニートラップでは中国人女性スパイと懇《ねんご》ろになったりすると、その様子を動画に撮られたり、メッセージのやりとりなどをネタにして脅される。もしくは、その関係のままで、情報をどんどん吸い取られていくようになる。会社員や企業幹部なら、かなり機密度の高い情報も求められるようになるだろう。気がついた時には、もはや断れなくなっている。

私個人としては、ハニートラップについてもともと半信半疑だった。ところが、外事警察時代に実際に起きているのを知って、考えを改めた。日本には、中国人留学生が数多くいて、中国大使館の教育処でリスト化されている。そしてその中から、ハニートラップに向きそうな素人の女性を中国大使館がスカウトしていると見られている。中国スパイは、「大使館のメッセンジャーとして協力してほしい」と、もっともらしい口説き文句で協力を持ち掛けている。しかも、先に触れた通り、協力の見返りに「中国に残してきたあなたの両親の年金額を増額しますよ」などと提案する。これは中国スパイの常套句だが、加えて、協力の謝礼も出すと伝えれば、拒否する人はほぼいない。そして女性は、パーティの席やバーでターゲットに自然な形で接触して、デートに持ち込んでいく。

こんな例もある。2007年から営業していた京都の祇園にあった中国人クラブは、中国スパイ活動の拠点となっていた。この中国人クラブの当時31歳のホステスが、常連の陸上自衛隊桂駐屯地の当時53歳の陸曹長と偽造結婚していたとして、公正証書原本不実記載・同行使で逮捕された。実はこのクラブには、親族に共産党員の幹部がいるとされたママと、若いホステスが7〜8人在籍しており、人気店になっていた。京都のハイテク企業幹部や自衛隊桂駐屯地の幹部も足繁く通っていたという。企業幹部は、自社製品の情報や人事情報をホステスに見せていたことも判明。ところが、産業スパイ行為については、ホステスが頑なに否定したことで立件はできなかった。

　他には、日本の有名女優似の中国人女スパイが現れたこともある。某省庁の高級官僚が知人に連れられて、新宿区内にある中国人パブで飲んでいた。官僚はママに名刺を渡し、その際に「好みの女性はどんな子？」と聞かれ、有名女優の名前を答えた。すると、半月ほどして職場を出たところで、その女優似の女性にぶつかり、お互い「すみません」と言い合って別れた。そしてその数日後には、近所のコンビニで、再びその女性とばったり出会ったのである。また次の日には、近所のファミレスでも姿を見かけ、最後には職場の正門でも出会ってしまったというのだ。そこで彼は怖くなって、知り合いだった私のもとに相談を寄せてきた。私は「ハニトラだから、誘われても接触するな」と、警戒を促した。そして外事警察がしばらくこの官僚の様子を見張っていたところ、案の定、その中国人女スパイが現れたという。彼女を尾行すると、中国人留学生だったことが判明した。

　日本には、全国各地に、中国人女性によるハニートラップの拠点になっているところがある。東京なら、中国大使館の息がかかっていると見られている飲食店が、歌舞伎町や六本木、池袋にある。在日中国大使館御用達の高級中華レストランが六本木にあるが、その2階にいくつもある個室は情報活動の拠点になっている。要は、スパイの巣窟なのである。

そこには女性も常駐していると見られており、ハニートラップに使われている可能性が高い。

秋葉原にある在日中国人を違法に取り締まる「海外警察」

こうしたスパイ行為に加えて、中国は世界中に「海外警察」を設置して、国外に暮らす中国人に、中国共産党のルールを当てはめ、監視や「摘発行為」を行っている。スペインに拠点を置くNGO団体のセーフガード・ディフェンダーズが2022年9月に公開したリポートでは、中国政府が少なくとも世界30カ国の54カ所に海外警察を作っていると告発されている。日本国内では、秋葉原にあることが確認されている。他に可能性があるのは、福岡、名古屋、神戸、大阪、銀座だといわれている。

彼らが監視対象にしていたのは、海外で中国人相手に商売をするなどして中国国内の法律を破っているような人たちだ。「自主的に」と言いながら半ば強制的に中国に連れ戻して、罪を償わせるのである。全世界的に直近3年間で数十万人ほどの中国人が帰国させられていることが判明している。

さらに海外警察は反体制派の中国人も監視しているようだ。日本に暮らすウイグル族などの少数民族の動きはかなりチェックしており、さらに反体制派勢力に関与している日本人も間違いなく監視対象になっている。そういう日本人が何も考えずに中国を訪問すれば、拘束されてしまう可能性もあるので注意が必要だろう。また中国政府が目の敵にしている気功集団の法輪功《ほうりんこう》は日本でも活動しており、中国大使館の前で垂れ幕を持って抗議デモをすることもある。在日中国大使館の公式サイトにはこんな文言が掲載されている。「『法輪功』とは、いったい何か。一口で言えば、中国の『オウム真理教』です」。そういう集団のデモに参加すると、何者かが参加者を家まで追いかけてくることもあるし、リーダー格の人たちの家を何者かがずっと見張っていることもある。追われている側も察知して警察に通報してくるので、警察が動くといなくなったりする。それ以外にも、時々監視に現れたり、動画を撮影してみたり、駅から一定区間を追いかけるといった嫌がらせをすることが確認されている。

民間の探偵を雇って監視することもある。ただし、探偵会社にガサ入れがあったりすると中国大使館が顧客であることがバレてしまうので、やはり間に人をかまして、一般人が依頼をしているように見せる。そうまでして中国は、反体制派をチェックしているのである。

中国スパイといえば、中国を担当している外事警察関係者から興味深い話を聞いたことがある。ある時、かなり訓練された中国スパイが日本に出没したことがあるという。外事警察の尾行は外国の情報機関も感心するほどのレベルなのだが、この中国人は、そんな外事警察の尾行もいつの間にか撒いてしまって、忽然と姿を消した。旅行者として入国したのかもしれない、と中国を担当していた警察官は訝しんでいた。日本に暮らして中国スパイの協力者をしている人の中には、めっぽう警戒心が強い人がいるが、それでもなかなか外事警察の尾行は撒けないものだ。あれは本物のプロだった、と語り草になっていた。

中国スパイは、時に荒っぽいことをすることもある。海外警察は、彼らの目から見た問題のある中国人を「自主的」に帰らせているというが、帰った形跡がなく行方不明になっている人たちもいる。つまり、出国記録がないのに、所在がわからなくなっている中国人がいるのである。とはいえ、遺体が出てこないのでなんとも確たることは言えないのだが、「消されたのではないか」と疑わざるを得ないケースもある。中国に詳しい日本人が、日本のビジネスホテルの風呂場で溺死していたこともあるが、スパイが関与していた可能性が疑われるようなケースも時々報告されている。

通信傍受するスパイ拠点が恵比寿にある

中国政府の日本におけるスパイ工作では、こんな疑惑が各国大使館の情報機関関係者の間で話題になっていた。

中国大使館には、領事館以外にも関連施設がある。スパイ活動に関連するものとしては、先に述べた教育処はそのひとつだが、実はさらにもうひとつ注視すべき施設がある。東京都渋谷区にある、中国大使館恵比寿別館だ。

この別館については、もともとヨーロッパの情報関係者たちから出てきた話だった。ヨーロッパの中国大使館には必ず怪しい別館がセットで存在し、通信傍受を行っているはずだというのである。ヨーロッパでは、それが情報関係者らの間ではよく知られているらしい。日本でそれに相当するものが、この恵比寿別館だった。

そんな話は、中国を担当する外事警察でもそれまで聞いたことがなかった。そこで恵比寿別館を調べてみると、驚きの事実がわかった。住宅街にあるその敷地を上空から見てみると、案の定、大きなアンテナが確認できる。ところが、地上からそれを確認することはできない。やはり通信を傍受しているようで、普段は日本語も英語もできない外交官が、一日一回、一人で別館に現れるのが確認されている。

しかも特筆すべきは、そこから半径1キロ以内に、台北駐日経済文化代表処があることだ。この施設は中華民国駐日本代表処とも呼ばれている。日本と台湾には正式な外交関係はないが、日本と台湾は、民間の機関という名目でこの代表処を東京に設置し、外交代表機構として機能している。要するに、台湾の大使館のような機能を持つ施設である。

中国大使館の別館では、台湾の代表施設の通信を傍受している可能性がある。それと関連しているかどうかは確定できないが、近隣住民からは、恵比寿別館の周辺では時々テレビ画像が乱れるなどの通信障害も報告されているのだ。

そもそも恵比寿別館は、外交施設として登録していないため、別館という看板を掲げることは許されていない。それが勝手に、大使館関連施設だと看板を設置し、日本の外務省から何度も文書で抗議されている。ただそんな文書にも無視を決め込んでいる。なぜ勝手に看板を掲げているのかというと、実際には外交特権の不可侵権はその施設は対象にならないのに、特権があるかのように装うことで、威嚇をしているのだ。もっとも、本当に通信の傍受をしているのなら、看板は掲げないほうがいいのではないかという見方もあるが、大使館の関連施設と看板が出されていることで、警察はガサ入れをしにくいという側面もある。その看板が、家宅捜索はできませんよ、というメッセージになっているのである。また、恵比寿別館のすぐ隣には中国の国営通信社の新華社もある。

実はこれまでも建物の存在は確認されていたが、管轄警察署である渋谷警察署の外事担当がその施設の関係者にアポを取ろうとしても、いつも担当者が不在で、接触はすべて拒否されてきた。私がこの情報を入手したことによって、警察庁警備局と警視庁公安部は、恵比寿別館に対する監視体制を作ることになった。2012年5月に発覚した「李春光《りしゅんこう》事件」では、在日中国大使館の一等書記官・李春光氏が日本でスパイ活動を行っていたことが明らかになった。彼は外交官の身分を偽り、外国人登録証明書を不正に更新するなどして、外国人登録法違反で起訴された。それがきっかけで、鹿野道彦元農林水産大臣ら日本政府内の要人たちが、李氏の口車に乗せられ、農産物や衣料品の対中輸出の特別枠を手に入れることができるという儲け話に引っ掛かってしまっていたことが発覚した。

しかし実際には、そんな儲け話は存在していなかった。それどころか、李氏の本来の目的は、日本の農業政策に中国の意向を影響させることだったことが明らかになった。この事件は日本と中国の外交関係に大きな影響を与えることになり、両国の信頼関係に亀裂を生じさせる結果となった。日本政府は今後、外国の外交官による不正行為を防止するための対策を強化していく必要があると再認識させられる出来事だった。

中国企業には情報を抜かれている⁉

アメリカ政府は、2019年に中国のハイテク機器メーカー数社をエンティティリスト（米国商務省が指定した取引制限リスト）に入れ、その後も米政府や企業とビジネスができないように規制強化をしてきた。その理由は、中国製品が個人情報をスパイ行為で吸い上げる恐れがあるからだ。リストに入っているのは通信機器大手ファーウェイやZTE、監視カメラ大手ハイクビジョンなどだ。

これら中国企業は、どれほど危険なのか。私は、気をつけたほうがいいという認識でいる。専門知識を持ち合わせた欧米政府機関や専門家らが情報を抜かれる可能性を指摘していることを考えると、それを前提で考えないと、気がついたときにはもう手遅れということになりかねない。日本の自治体でも中国の監視カメラシステムを使っているところもあるので、一度見直しを検討すべきだろう。

そもそも官公庁や法執行機関、裁判所は、国産メーカーの機器を導入するようにしてはどうか。現状では、競争入札が行われるため、値段だけで選ばれることになる。それでは情報の安全を確保できない場合も出てくるだろう。

ロシア

日本人と見分けがつかないロシアスパイがいる

アメリカや中国と並んで情報活動が活発なのはロシアだ。

ロシアといえば、ソビエト連邦時代に世界的に恐れられたＫＧＢ（国家保安委員会）がよく知られている。１９５４年に設立されたＫＧＢは、ソ連国内では秘密警察の役割を担い、軍の監視も行っていた。国外でも情報活動や暗殺などの工作に関与し、冷戦時代にはＣＩＡと世界中でスパイ合戦を繰り広げた。

そんなＫＧＢも、東西冷戦の終焉とともに、１９９１年に解散。だが、ウラジーミル・プーチン大統領自身が元ＫＧＢスパイであり、大統領の側近にもＫＧＢ出身者が少なくないロシアでは、「ＫＧＢ」の亡霊がいまだに息づいている。

現在、ロシアには、KGBの後継組織として3つの情報機関がある。まずはFSB（連邦保安庁）。FSBはKGBの国内情報活動を引き継いだ組織だが、現在ロシアが侵攻しているウクライナなど旧ソ連の独立国家共同体（CIS）の監視も引き続き担当している。ウクライナ侵攻でも、情報工作を行い、ロシア国内のウクライナ人のスパイを次々逮捕するなど、その活動がニュースでも取り沙汰されるようになった。

ロシアで、アメリカCIAのカウンターパートとなる対外情報機関は、KGBの国外担当部門から引き継いだSVR（対外情報庁）だ。そして軍のスパイ組織として情報活動を担当しているのは、GRU（軍参謀本部情報総局）である。

これらFSB、SVR、GRUは、いずれも日本支局を持っている。FSBは日本国内でも幅広く情報収集をしている。国境を守るというのが組織としての主要な目的なので、海上保安庁や海上自衛隊の装備を中心に情報を収集する。関係者との人脈作りやスパイのリクルートのために海上保安庁のパーティにも姿を見せる。元スパイのプーチンは、KGBが解体された後にFSBの長官も経験しているが、ロシアにとって日本は領土問題のある島国なので、日本の海上の国境周辺活動には関心が高いともいわれている。

SVRは日本の最先端技術を狙い、世論工作も行う。GRUは軍事情報を中心に関心がある。日本各地の総領事館にも何人か配属されていると見られている。

FSB、SVR、GRUのスパイは、大使館本館（麻布）だけでなく、対日経済政策を担っている大使館別館（高輪）にある通商代表部にもいる。FSBとSVRは、書記官や参事官の肩書で勤務し、GRUは国防武官として勤務している。昨今、通商代表部に属しているスパイが日本人相手のスパイ工作をしていたとしてニュースになることが多いが、それはたまたまだ。実際のところ、通商代表部に属するスパイは、日本にいるロシアスパイのほんの一部に過ぎない。通商代表部の外交官のポストは、代表と副代表2ポストの3つしかない。そのうち常駐しているのは2人で、もうひとつのポストは空きになっていることがよくある。そして、外交官ポスト3つのうち、副代表のひとつがSVRのための指定席として確保されている。

ロシアスパイを把握する際に難しいのは、外交官の身分を持たない事務技術職員がそれぞれの組織に混じっていることだ。その他には外交官見習いとして外交官補（通称：官補）もいる。立場としては、見習いやインターンという形で日本に来ているのだが、スパイ活動にも従事している可能性が非常に高い。また、通商代表部には宿泊施設があり、官補はそこに滞在している。

ロシアのスパイというと、東アジア系とは見た目が違うのですぐに外国人であると見分けがつくと思いがちだ。しかし、実は白人系だけでなく、朝鮮系やグルジア系、カザフスタンなどの中央アジア系の血が入ったロシア人もいる。そうなると、見た目では日本人と大差がない人もいるために、一見してロシア人とはわからない。

実は、ロシアによる対日スパイ工作の歴史は古い。1930年代から第二次大戦時にかけて日本で暗躍したリヒャルト・ゾルゲはよく知られている。ドイツ系ロシア人であるゾルゲは、ソ連のために、記者を装って元朝日新聞記者と共に日本の外交や軍事情報を収集するスパイ活動をしていた人物だ。また、1970年代にKGB東京代表部に赴任して、日本の政界から財界、マスコミまで200人近い日本人協力者を抱えていたスタニスラス・レフチェンコも有名だ。日本の政策や国民の世論が、ソ連に有利になるように活動をしていた。

金品を渡して協力者を作っていく

日本人は、日本国内で暗躍するロシアスパイの実態をほとんど知らない。

日本におけるロシアスパイの活動は、時々警察が摘発してニュースになることもあるのだが、実は表沙汰になっていないケースのほうがかなり多い。ロシアスパイ活動の現実は大衆にあまり知られていないと言ってもいいだろう。表に出てこないケースは、例えば、スパイ工作の途中で警察が察知し、そのままだと重要な情報が抜かれてしまうと判断し、そのロシアスパイの行為を放置せずにこちらが捜査しているのをスパイにわざと気づかせることもある。

民間企業の場合は、重要なポジションにいる社員が長年ロシアスパイに騙されていることがあり、それを企業も把握していないと情報は漏れ放題になる。日本にはスパイ防止法がないため、情報の授受を確認して現行犯で逮捕するか、それに近い状態で捕まえるしかない。だが、現行犯で確認できないが間違いなく情報が抜かれていると思われる場合は、外事警察が直接スパイに接触して動きを止める。

しかも、企業側には何も知らせないこともある。企業関係者がそういう話を耳にすると、動揺したり、警察を警戒して敵対したりすることも考えられる。問題がこじれれば、企業から名誉毀損や威力業務妨害で警察が訴えられる可能性だってあるからだ。

日本では、スパイの協力者が発覚すると、企業なら社長がパニックになる。「株価が下落する、「評価が下がる、株主総会が荒れる」というのである。できれば見なかったことにしたいという姿勢なので、被害届も出さない。被害届を出せば、警察は公判に堪えられるための資料や証拠を集めなければいけない。そうなると企業で保管されていたパソコンを調べられたり、実況見分も受けなくてはならない。そんな協力はしたくないという場合が多い。

ただ先に触れた公安のアウトリーチ活動では、そうした隠れた事例も伝える。

もちろん警察側の見方としても、スパイ犯罪の手口が世に知られるのは、以前なら許容できなかったが、ロシアなどの産業スパイの手口が巧妙になるなかで、民間にも積極的にスパイ対策に乗り出してもらうことを公安は願っている。企業には、展示会やイベントでロシアなど外国人と名刺交換をしていないかも確認するようアドバイスし、名刺交換をした社員がいれば、その後にロシア人などと付き合いをしていないかを聞き取ることもある。そして公安側でも、企業に対するスパイ活動を把握すれば、早い段階で企業に伝えるようになってきている。私の知る限りでも、ロシアのオペレーションは、年間で2つ3つは潰してきた。

日本では、ロシアスパイとの戦いは長年続いてきた。実はロシアスパイは古典的なやり方をいまも踏襲している部分がある。ロシアスパイのそうした手口は外事警察もよくわかっているが、それでもいまだに騙されてしまう日本人が後を絶たない。

ロシアスパイの手口は、業界イベントや講演会でいろいろな人に接触し、少しでも自分になびく人がいたら、ぐっと距離を詰める。最初はパンフレットやホームページに載っているような公開情報など重要度の低い情報を求めるところから始まり、それをありがたそうに受け取って、提供側が受け取りやすい少額の商品券や現金などの謝礼を渡す。以前ならハイウェイカードだったが、今ならビール券や商品券だ。最初から5万円の商品券を渡したら相手は警戒してしまうことも織り込み済みで、「これ、お配りしたのが余ってしまって……」と言いながら、最初は1000円くらいのQUOカードを渡したりする。そしてもちろん、食事も「経費で落ちるので大丈夫です」と言って支払う。そこから求める情報がどんどん高度になっていくのである。

本当にわかりやすい心理術なのだが、ちょっとずつ相手の心の扉を開けていく。それが典型的なやり口であることを知らない人は、借りを作ってしまったと思い、謝礼についても会社に報告することなく独自の判断で会食を続け、ずるずると情報を取られていく。気がついた時には、後戻りできなくなっているのだ。

2021年、神奈川県警は座間市の元会社社長を逮捕した。過去30年ほど、ロシアスパイに軍事や科学技術関係の資料を渡していた。その対価として受け取った総額は、100万円以上。これもロシアスパイの手口で、担当スパイが国外への異動で入れ替わるたびに、担当者を引き継いでいく。長期で運用するのである。

2020年には、40歳代のソフトバンクの元社員がロシア人に営業秘密を渡して報酬を受け取っていた事件が発覚している。摘発されたロシア人は、通商代表部のアントン・カリニン代表代理という肩書だった。ところが、カリニンの本当の所属はSVRであり、ロシアが送り込んだスパイだった。このケースでは、ロシアスパイが長期計画で進めていた可能性がある。もともと元社員と関係を築いたのは、カリニンの前任者だった若いロシアスパイだった。それをカリニンが異動に伴って引き継いでおり、例えばあと10年も関係を築いていければ、元社員はもっと出世して会社内でさらに秘密度の高い情報へのアクセス権を手にしていたはずだ。そうなればさらに質の高い情報を得られるようになっただろう。神奈川のケースのように、使える協力者はじっくりと関係を築きながら、じわじわと情報を吸い上げる工作を行うのである。

狙われた東芝の子会社社員

さらにこんな話もある。現在、ロシアがウクライナで使用しているミサイル誘導システムには、元をたどれば2005年に日本で発覚したスパイ事件で盗まれた技術が使われている可能性がある。ロシア通商代表部のスパイは、2004年3月に東京都内で行われた科学技術展示会場で、ニコンの主任研究員と知り合った。そのスパイはGRUの所属だったが、通商代表部の関係者であると名乗り、「ロシアの貿易の仕事をしている。友達にならないか」と持ちかけている。その後はロシアスパイの常套手段で、居酒屋での食事などを重ねて親しくなっていった。食事を奢って、徐々に現金も渡して、最終的には「可変光減衰器《かへんひかりげんすいき》（VOA）」と呼ばれる光通信を安定化する最先端技術を入手することに成功している。研究員は逮捕されたが、そのロシアスパイは何食わぬ顔で出国した。

このケースのように、要注意なのが展示会などのイベントだ。先にも触れたが、幕張メッセで行われた展示会イベントでは、イタリア人を装ったロシアスパイが出没したこともある。そのスパイは、東芝の子会社の社員と親しくなり、結局は半導体関連情報を奪うことに成功している。展示会はスパイ出没率が高い。

もうひとつ、ロシアスパイの手口として忘れてはいけないのが、人の身分を奪う「背乗り《はいの》り」だ。背乗りについては、北朝鮮など他の国のスパイもやっているが、ロシアが過去に日本で行った驚くような大胆な背乗り事件がある。

１９９５年に発覚した黒羽・ウドヴィン事件だ。１９６５年頃に福島県で歯科技工士だった黒羽一郎という日本人が失踪した。しかしその後、ロシアスパイが黒羽になりすまして、30年以上にわたって情報収集活動を行っていたことが判明したのである。そのロシアスパイについては、１９９５年にＣＩＡからもたらされた情報をもとに、警視庁公安部が捜査を開始している。もともとは、ロシアスパイが産業情報や軍事情報を集めている、という情報だった。

そのロシアスパイを管理していたのは、ロシア人外交官のウドヴィンという人物だった。ウドヴィンは、本物の黒羽が失踪した当時、ソ連大使館で三等書記官として働いていた。ところが、実際はロシアから送り込まれたスパイだったのである。

黒羽になりすましたロシアスパイは、１９９６年、ロシア語と英語、スペイン語の３カ国語を話す宝石商として働いているのを東京都内で確認される。警視庁は捜査を続け、翌

97年には黒羽と妻の暮らす自宅を家宅捜索した。するとそこからは、乱数表や短波ラジオ、換字表（文章を暗号に変換する表）などスパイの「七つ道具」が見つかった。さらに驚くことに、日本人妻もスパイ訓練を受けていたようで、黒羽を尾行する捜査員の写真を撮影していたことが判明。捜査員の顔写真を大量に所持していたのである。これが発覚すると、ロシアスパイもウドヴィンも逃げるように日本を離れた。

このロシアスパイは、在日米軍の情報をはじめ、日本の半導体技術やカメラのレンズ技術などハイテク知的財産の情報を盗み、手に入れた情報をマイクロフィルム化して空き缶のなかに入れ、人の目につきにくい神社や公園に置いていた。それをウドヴィンが回収していたとされる。スパイが使うこの手法は「デッド・ドロップ・コンタクト」と呼ばれている。

また世間を賑わしたケースでは、先にも少し触れたが、2000年に、ロシア大使館のボガチョンコフ海軍大佐に内部資料を渡していた海上自衛隊の三佐が自衛隊法違反で逮捕された事件がある。ボガチョンコフの正体は、GRUのスパイだった。神奈川県横須賀市で開催された海上自衛隊とロシア海軍の交流式で、この海上自衛隊の三佐と知り合い、そこから病気で亡くなった三佐の一人息子への香典や、三佐がのめり込んでいた宗教のイベントにも参加するなどプライベートでも親交を深めた。もちろん目的は、自衛隊の情報を引き出すこと。結局、三佐は逮捕・投獄され、ボガチョンコフは堂々と出国した。

最近ロシアは、こうした古典的なやり方だけでなく、サイバー空間でのスパイ工作も強化している。ハッキングで政府や企業の機密情報を盗むのである。しかも北朝鮮のサイバー集団が攻撃をしているかのように装うこともしているので、その技術力は高いといえるだろう。ドーピング疑惑で物議を醸したブラジルのリオ五輪や、同じくドーピングでロシアが出場禁止となった韓国の平昌《ピョンチャン》冬季五輪も、報復行為としてサイバー空間で妨害攻撃をしている。スパイ行為や妨害行為としてロシアスパイ機関がサイバー攻撃をツールのひとつにしているのである。

日本のドラマに出演していたロシア人俳優がスパイだった

ロシアスパイは、実は訓練を受けた外交官の身分を持っているような人たちばかりではない。一般人の身分で、外交官の肩書を持たずに活動しているスパイも少なくない。永住者や長期滞在者がスパイであるケースだ。日本の警察も、そうしたスパイを追いきることは至難の業だ。外事警察は長年の経験と情報で、外交官の肩書で日本にいるロシアスパイが出没するパターンや接触の仕方をプロファイルできているが、社会に浸透している民間スパイを炙《あぶ》り出すことは簡単ではない。

日本では、ロシアの航空会社アエロフロートや、通信社であるタス通信（ロシアの国営通信社）にスパイが紛れ込んでいたのは外事警察もわかっている。それに加えて、アメリカで2010年6月にロシアスパイとして逮捕され、「美しすぎるスパイ」として大きく報じられたアンナ・チャップマンのケースのように、民間のビジネスパーソンに扮しているスパイもいる。

チャップマンのケースは、ロシア人の民間スパイの手口として参考になる。もちろん公安部もそう考えて、事件を摘発したアメリカのFBIに講義を依頼している。当時、チャップマンらロシア人民間スパイ10人が逮捕されているが、その数カ月後にFBI特別捜査官が来日した。外事課では、特別捜査官の話を聞くべく、数人の捜査員が集まった。相手がFBI捜査員であっても顔を晒すのは憚《はばか》られるということで、外事警察の受講者はサングラスやマスクをして講義に臨んだ。特別捜査官によれば、摘発された10人はSVRのスパイで、彼らの任務は米連邦議会（国会）の議員と親しくなることだった。ロシアに不利となる法案が提出されれば、それを妨害する工作をするよう指示されていたという。また国防総省の幹部にも接触を図って軍事情報を入手するよう命じられていた。

チャップマンは、ニューヨークで不動産会社の社長を装っていた。色仕掛けで情報収集や人脈の構築に励んでいたという。さらに講義では、ＦＢＩがチャップマンらを尾行して、鞄や靴に仕込んだ超小型のカメラで撮影していた動画も披露された。動画には、チャップマンがカフェでパソコンを開いてデータを通信している様子や、古典的なスパイの手法で、スパイ業界ではよく知られている「フラッシュ・コンタクト」も使っていた。フラッシュ・コンタクトとは、情報機関員と情報提供者であるスパイが、情報交換のため、すれ違いざまに機密資料を手渡すやり方だ。日本の捜査員らはそうした動画に目が釘付けになった。

世界に目を向けると、民間スパイには画家を装っている者もいる。日本ではまだ画家は確認されていないが、ヨーロッパの外交官から「画家にはスパイがいるから気をつけろ」と言われたこともある。画家であれば、浜辺で発電所を描いていても、ダムを描いていても、誰にも怪しまれない、ということだ。

またこれは意外な事実かもしれないが、ロシアンパブにスパイはあまりいない。警察では、生活安全課が風営法違反でロシア人を逮捕することがある。逮捕の調書や参考人聴取の供述を読むことがあったが、パブの女性にスパイはいない印象だった。

男性であれば、日本で俳優をしているスパイがいた。以前、日本のテレビで再現ドラマによく出ていたロシア人の俳優だ。この俳優は、ＳＶＲのスパイとも頻繁に会っていたのを確認していた。２０１４年にロシアがクリミアに侵攻した際も、ウクライナ大使館前での抗議デモに参加したり、日本に暮らす親ロシアのウクライナ人とも連絡を取り合っていた。ロシアに友好的なウクライナ人と連絡をする役割もあったのかもしれない。ここ最近では再現ドラマでも見なくなってしまった。

ロシアスパイは、中国スパイとはやり方が根本的に違う。同胞に力技で協力させるようなことはあまりしない。もちろん、在日で反ロシアや反プーチン発言をしている人たちのことはきっちりとチェックしているが、在日ロシア人を飴と鞭で協力者にしていくということはほとんどない。

ロシア大使館は、外国人の職員も置かない。大使館ではよくある公用車のドライバーに現地人を雇うようなこともせず、すべて自国民で固めている。日本での業務も日本人にはさせず、日本語ができるロシア人が担当するのである。この点だけは、中国と同じだ。

メディアでロシアについて専門家がコメントすると、それが日本語の有料記事であっても、大使館はチェックしている。一度、ある大学の国際政治学者がロシアのスパイ活動について、全国紙にコメントを寄せたことがあった。その全国紙の有料デジタル版にコメントは掲載されたのだが、その日のうちにロシア大使館から大学に「ぜひお会いしたい」とアポイントを取る連絡が来たという。それくらい、ロシア大使館は日本メディアでの扱われ方を注視しているのである。

さらにロシアは、領事もスパイ活動をすることがある。領事なら、パスポート情報から個人情報も知ることができる。そこから接触をしたり、名刺交換をして、人脈を作っていくこともある。そういう理由から、どこの情報機関でも、領事は大切に扱い、重要な情報源にしている。領事は敵に回すな、というのは情報機関の常識なのである。

神経剤や放射性物質で暗殺するのが常套手段

ロシアによるウクライナ侵攻では、反ロシア派のロシア人の不審死が相次いでいるが、ロシアが裏切り者を暗殺するのはいまに始まったことではない。ＫＧＢおよびＦＳＢの元スパイであったロシア人のアレクサンドル・リトビネンコが、２００６年に亡命先のイギリスで放射性物質のポロニウムで暗殺されたケースはよく知られている。２０１８年にはイギリスに亡命していたロシア元スパイのセルゲイ・スクリパリが神経剤ノビチョクで暗殺されそうになって一命を取り留めた事件も有名だ。ロシアによるこうした暗殺事件は枚挙にいとまがない。

海外では、もともとプーチンの仲間だったオリガルヒ（新興財閥）がプーチンを裏切ったことで殺されるケースも多い。日本でもかつて、ロシア人や中央アジア人がホテルで不審死するケースは報告されていたが、ロシア（旧ソ連）スパイが関与しているケースも含まれているかもしれないといわれていた。最近ではホテルの出入りは、あちこちにある監視カメラが押さえているので、以前のようなホテルの不審死はほぼなくなった。

これもニュースにならなかったが、民間企業に勤める中央アジア系ロシア人が撲殺された事件があり、このケースでは警察は、SVRの息がかかった何者かによる犯行かもしれないと一部の捜査員は見ていた。SVRのスパイは、外事警察が常に動きを監視しているので、自ら手を下すことはできない。すぐにバレてしまうからだ。そこで、ロシアから工作員を90日ビザで来日させ、仕事をさせていることも考えられる。日本人で、どこかのスパイに関与していたことが発覚する場合は、当人が警察に駆け込んでくるケースが多い。協力者をしていたのだが怖くなった、というパターンである。また協力していたのを会社にバラすと脅されたという場合もある。しかし、ロシアの場合は、そういうケースは少ない。ロシアスパイに脅されていたと逃げ込んでくる人はほとんどおらず、そういう意味では、ロシアは人心掌握が上手く、協力者の管理も長けているのかもしれない。

北方領土・夢の国・・・プーチンは日本にこだわる

プーチンは、ソ連のゾルゲに憧れてＫＧＢに入った。１９８５年には東ドイツに赴任し、西側諸国の情報収集を担当していた。さらに、東側諸国の民主化の動きには最大限の警戒をしていた。その後に、ベルリンの壁が崩壊して冷戦が終結する。その際には、東ベルリンにあったソ連大使館に東ドイツの民衆が集まり、「国から出ていけ」と抗議デモが行われたが、その時のエピソードが残っている。

デモを鎮圧しようとしたプーチンは、ＫＧＢで扱い方の訓練を受けている拳銃を手に、大衆の前に姿を見せた。そして拳銃を掲げ、「殺されたい奴は、前に出ろ」と叫んだ。それで抗議活動が止んだのだという。

今、ウクライナ侵攻で手がいっぱいのプーチン大統領は、世界各地で活動するロシアスパイたちの動向に目を向ける余裕がなくなっているのかもしれない。目下の優先事項は、ウクライナ情勢をどう扱うかだ。

ウクライナ侵攻を受けて、スパイ界隈でも驚くような情報が漏れている。侵攻直後の2022年、ウクライナ国防省が、ヨーロッパで活動するFSB所属のスパイ620人のリストを公開したのである。生年月日、住所、携帯番号、パスポート番号、FSBへの入局年月日まで記されたリストだった。いまも国防省のウェブサイトにアップされたままだが、ここまで詳細が世界に伝われば、スパイ活動に支障が出るのは間違いない。そもそも、ロシアがFSBのメンバーをリスト化していたこと自体が信じられない。日本でいえば警視庁公安部が公安部所属の捜査官のリストを作ることは絶対にあり得ないからだ。ロシアのスパイ機関が弱体化している証左かもしれない。

元スパイであるプーチンは、ロシアスパイの日本での活動も重視しているはずで、日本でのスパイ活動はやめられない、と考えているだろう。日本はスパイ活動をしやすい国であるし、情報を盗んでも協力者が捕まることがめったになければ、国際問題になることもないから、これほどやりやすい相手はいないだろう。

先に触れたチャップマンのケースでも、プーチンは、「外交特権がないのに、よく頑張った」と最大限の賛辞を送っている。

プーチン政権になる前から、ロシアスパイは日本から先端技術を奪おうとしてきた。SVRには、軍事転用ができる先端テクノロジーを奪う工作に従事する「ラインX」という長年活動しているグループがある。彼らは、伝統的にずっと日本に来ている。外事警察は、これまでも彼らのスパイ工作を数多く潰してきているが、それでもまだラインXは活動を続けている。もちろん失敗するつもりはないのだろうが、これまで盗み出してきたり、現在も狙って手に入れようとしているテクノロジーの価値が、オペレーションの失敗というリスクよりも大きいのだろう。

言うまでもないが、オペレーションを成功させてロシアに帰国するのと、失敗して帰国するのとでは、帰国時の歓迎のされ方が違うという。またその後の待遇も変わる。ある意味で、スパイも組織の中で勝負をかけているのである。

日本との国家的な関係でいえば、領土問題がある。北方領土については、プーチン大統領は島を返すつもりはないだろう。プーチンは元KGBであり、ソ連時代からの考えで、領土は数センチでも譲ったら負けだという考え方を持っているはずだ。北方領土の帰属に関する交渉には応じるだろうが、譲る気はさらさらない。安倍晋三元首相と山口県で会談した際には北方領土問題の解決につながるのではないかと期待されたが、ロシアにとっては経済協力が最優先だった。交渉には出て、逆にそれを利用して日本から最大限引き出せるものを得ようとしただけだろう。

歴史を振り返ると、第二次大戦時にロシアスパイだったゾルゲが、日本でスパイ活動を行い、日本が極東から攻めてこないというインテリジェンスを得て、それを知ったヨシフ・スターリンはヨーロッパ戦線に戦力を傾注《けいちゅう》できた。それを逆手に、日本は国家戦略的に、いまこそロシアに対して領土問題で攻めに出る時かもしれない。極東から注意が逸れている今こそ、北方領土について交渉をプッシュする積極的な動きを見せてもいいと個人的には感じている。

プーチンが柔道を愛していることはよく知られている。またプーチンには娘が2人いて、どちらも日本好きである。長女のマリアと次女のカテリーナは、2004年に専属医師を含む総勢13人で、お忍びで日本を訪れている。1週間滞在し、東京ディズニーランドや京都旅行を楽しんだようだ。マリアは2018年に、カタリーナは2014年にそれぞれ再び来日している。家族揃って、日本好きなのである。そんなプーチンとは、日本独自の付き合い方ができるかもしれない。

ウクライナ侵攻後、日本で見せたロシアスパイの不穏な動き

従来、ロシアスパイたちは、日本にいるウクライナ人には興味を持っていなかったが、ウクライナ侵攻後はかなり注目している。日本のロシア大使館前で戦争反対デモをしている在日ウクライナ人、そして同じデモに参加する親ウクライナや反プーチンの思想を持っている在日ロシア人などを重点的に監視している。ロシア大使館前でウクライナ人の顔を撮影している。撮影方法としては、一般の通行人に見えるように変装したロシアスパイが撮影をする。そういう場には外交官の身分を持つロシアスパイは自ら姿を現さない。他には、ロシアの国営通信社タス通信の特派員が取材した情報も入手している。

ウクライナ侵攻後に、ウクライナ人やシンパたちが銀座で平和デモ行進を行った際には、珍しくロシアスパイがその行進を注意深く観察していた。

ロシアスパイは、集会やデモの後には、親ウクライナや反プーチンの在日ロシア人たちを尾行しているが、日本の外事警察から監視されていることを知っているため、控えめなアプローチを取っている。本当は、自宅まで突き止めて、「お前に娘がいるだろう。どうな

るかわからないぞ」などと脅迫でもしたいに違いない。実際、２０１４年のクリミア侵攻の際は、親ウクライナの在日ロシア人に「お前、このままだと自国に帰れなくなるぞ」という脅迫があったことが確認されている。外事警察が把握していないだけで、今回のウクライナ侵攻後も、ロシアスパイは実際に対象者の自宅を突き止めて、脅迫している可能性は十分あるだろう。

また、日本人で人権派活動家や反ロシアのデモに参加するような人はロシアスパイの調査対象になっているので気をつけたほうがいいだろう。こちらも同様に尾行され、自宅を突き止められている可能性はある。それだけでなく、ロシア大使館は日本人識者のロシア入国禁止リストの民間人バージョンも作っている可能性がある。

北朝鮮

将軍様の命令を待つ部隊「スリーパー」が日本に潜伏している

日本で活発にスパイ活動をしてきた「国」のひとつに、北朝鮮がある。

在日北朝鮮人も多く、在日本朝鮮人総聯合会（朝鮮総連）も、目立つ存在だった。ところが、かつては30万人ほどいたといわれた在日北朝鮮人も、いまでは数万人弱ほどになってしまっている。減ったといっても北朝鮮に帰ったわけではなく、韓国に国籍を変えたり、日本に帰化した人たちが増えたのである。朝鮮総連の運営も苦しくなり、資金だけでなく人材も不足。高齢化も問題で、若者の減少は深刻だとも聞く。もっとも、日本で生まれ育った在日の若者たちが、自分たちで稼いだお金を北朝鮮のために送るという行為に意味を見出せないのもわからなくはない。経済制裁で送金方法もこれまで以上に制限されており、北朝鮮に送金で貢献しようという人が激減するのも仕方がないだろう。

以前なら、在日北朝鮮人は、北朝鮮にいる将軍様のために、日本や韓国で活発なスパイ活動を行った。そういう人たちを「スリーパー」と呼ぶ。しかもスパイ行為の最大の目的は、いざ将軍様が立ち上がれと指令を出した際に一気に蜂起するための準備だった。その場合、普段は善良な民間人として生活している人たちが、それぞれが与えられたミッションで、鉄道や発電所、ダムなどのインフラを攻撃する。情報収集も大事な活動だったが、将軍様の命令に従って立ち上がる準備をしていたのである。それが、今から20年以上前に、私が外事警察になった頃に聞かされた北朝鮮スパイの姿だった。現在もスリーパーは日本国内に潜伏している可能性が高い。高齢化しているのは間違いないが、今も将軍様の命令を待っている在日北朝鮮人たちがいるのは間違いないだろう。ただ在日の若い世代でスリーパーの密命を受ける人は少ないと見ていい。日本の豊かな生活を知ってしまっているからこそ、貧富の差が激しい北朝鮮のために何かしようという気持ちにはならないからである。

もし、スリーパーが立ち上がったら何が起きるのか。在日北朝鮮人が30万人ほどいた時代に将軍様の命令があったとしたら、発電所で大規模火災が起き、日本中で停電が起きただろう。また、奥多摩湖のダムでダイナマイトが爆発してダムが決壊し、街中に大量の水が流れ込んできた可能性もある。しかし結局、今まで一度も将軍様は命令を出したことがないので、最悪のシナリオは起こらなかった。

当時、北朝鮮スパイが、同胞の在日北朝鮮人を撲殺するような事件も関西で起きていた。刑事事件になっても、国籍が北朝鮮なので、情報収集はできても犯人は捕まらない。そんなケースは多数あった。

１９７１年から２００６年までの間に北朝鮮の万景峰号《マンギョンボン》という北朝鮮と新潟港を結ぶ北朝鮮の貨客船が出港する際、日本の警察が職務質問や所持品検査をしようとしても、北朝鮮人たちは、「朝鮮半島の分断は日本帝国主義のせいだ。俺らは不幸な目にあったんだ」と言って、警察官たちを取り囲み、追い払ったということが何度もあった。

ところが、少し前に韓国の情報機関である国家情報院の関係者に聞いた話では、今では、北朝鮮人系にそんな体制も能力もないし、人数的にも年齢的にも不可能だろうという。しかも、２００２年に北朝鮮が日本人を拉致していた事実を金正日総書記が認めた事実は重かった。それによって、在日北朝鮮人は北朝鮮に絶望し、国籍を韓国に変えた人が多かった。それによって、スリーパーも激減した。

北朝鮮スパイが使ってきた連絡手段として、一定時間に数字だけが流れるラジオ放送がある。定期的に変わる暗号解読表に合わせて、指令を読むラジオだ。その電波はいまも朝鮮半島から出ているようで、周波数が合えば、誰でも聞くことができる。

日本でも規模は縮小されたが、公安総務課に「ナミ班」（ナミは電波の「波」のこと）というずっとラジオを聴いているチームがある。もっとも、解読表は定期的に変わり、それを運んでいる人がいるといわれているので、解読はなかなか難しいようだ。内容的には、連絡事項のメモをどこにデッド・ドロップ・コンタクトしたのかなどの情報が伝えられているといわれる。実際にあった事例では、スリーパーがラジオから「7・8・8・11・13・15」と適当な数字を聴き取り、それを暗号解読表に照らし合わせて「9月13日金曜日までに世田谷区の神社の何番目のベンチの下に調査結果を埋めておけ」という指示を受け取ったことがあった。受け取ったスリーパーはそれまでに回答を用意した。調査結果を受け取る連絡役は、13日以降の安全な日に掘り起こした。そしてそれを連絡役が回収したら、スリーパーの生存確認もできるのである。他には、ラジオ放送の例として、「11月14日に新潟から出港する万景峰号に乗って北朝鮮に帰ってきて、3カ月間のスパイの訓練を受けなさい」といったものもあった。大体はこのような連絡が多い。

日本人のビットコインを盗む北朝鮮ハッカー

北朝鮮スパイはいま、日本をどう見ているのか。やはり日本は金を調達する場所であり、脱北者や反体制派の同胞の動向を監視する場所として見ている。デビットカードやクレジットカードの詐欺やサイバー攻撃で暗号資産取引所からビットコインを強奪するなど、制裁で外貨獲得手段が限られている北朝鮮は、日本を含む各地で金銭目的の犯罪行為に国家として手を染めている。

例えば、最近なら、「李虎南《リ・ホナム》」というコードネームで呼ばれるフィクサーのような北朝鮮連絡担当者が、中国の大連を拠点にATM詐欺を仕切っているという情報が日本の当局にも入っている。李のことは韓国の情報機関も注視しているが、大連にいるので、手出しができない。そんな中、海産物の貿易事業をしている日本人が李に会いに行くという情報があった。元々、北朝鮮との関係を噂されていた人間だった。しかし、大連にある日本領事事務所の領事であっても、中国国内での出来事なので、それに関わる日本人を尾行したり盗聴したりはできなかった。そもそも会うこと自体は犯罪ではないからだ。

北朝鮮にとって、日本での世論作りも重要な工作であることには変わりないが、欧米からの経済制裁で経済は疲弊しており、台所は火の車で、金がとにかく必要なのだろう。

いま、朝鮮学校や大学の関係者も、給料の遅配で副業をしないと食べていけないというくらい、お金は枯渇していると聞く。金の切れ目は縁の切れ目で、在日北朝鮮人は北朝鮮から距離を置こうとしているというのが実情である。昔から在日北朝鮮人の収入源になっていたパチンコ屋の経営も以前のような潤沢な稼ぎはなく、急激に衰退している。

北朝鮮は以前から、世界でも最も貧しい国のひとつである。もちろん北朝鮮の外交官たちも金は持っていない。そんな事情もあって、ウィーン条約で禁じられている外交官の経済活動を赴任先の国で行うのである。私は、かつて勤務したアフリカ某国で、地元警察から聞いた話によると、同国に大使館を置く北朝鮮の外交官らが、他国に移動する際に使える外交行嚢《こうのう》（外交官用の荷物入れで、機密文書を誰にも見られずに運ぶことができる）を悪用しているという。外交行嚢は入管でチェックされることがないため、酒やタバコ、食材、日用品を運んでアフリカ某国で売り捌き、それで稼いだ金を外交官の生活費に充てたり、平壌に送金したりしていた。アフリカのみならず、東南アジアや南米などでは、拳銃や麻薬など禁制品にまで手を出して荒稼ぎをしていたというから目も当てられない。

またある時、アフリカ某国の入国管理局に、貨物船に載せられた北朝鮮の外交行嚢が届いたという。それをX線に通すと、大量のＤＶＤが映った。しかも驚くのはその数で、10万枚ほど入っていた。ハリウッド映画や日本のセクシービデオが大量に積み込まれていたという。北朝鮮の大使館に問い合わせても一切反応はないので、困り果てて日本語の対応で私に相談したということだったが、ＤＶＤをアフリカで売って副業しようと目論んでいたようだ。ちなみに、特に日本のセクシービデオはこの国でも人気だったという。

また北朝鮮は偽札作りにも関与している。アフリカ某国で、私は現地のアメリカ大使館のＦＢＩやシークレット・サービスの捜査員から食事に誘われた。ＦＢＩとは普段から頻繁に会っていたが、偽札捜査やＶＩＰの警護を担当するシークレット・サービスとはめったに会わなかった。そこで話をしていると、捜査員は北朝鮮の偽札にからんだ捜査をしているという。そして当時、北朝鮮大使館に赴任してきたばかりの一等書記官が、北朝鮮の偽ドル札を流通させている大物である可能性が浮上していた。この一等書記官は、北朝鮮で100万ドル単位の偽ドルを印刷していて、ヨーロッパを中心に偽札流通に大きく関与している疑いがあった。北朝鮮には精巧なドルを印刷する工場があるといわれている。

そして捜査員は、「なんとか指紋を入手できないだろうか」と頼んできたのである。その頼みを受けて調べてみると、近く、この北朝鮮外交官らも出席するパーティがあることがわかったので参加してみることにした。そこで指紋を手に入れようと考えたのである。

パーティに行くと、外交官である問題の人物が出席していた。この人物の位置を確認しつつ、他の国の外交官らと名刺交換をしながら徐々に距離を詰めた。すると、その外交官がペリエ（炭酸水）の瓶を手にして、炭酸水を飲んだのを確認した。瓶を確保すれば、指紋がついているのは間違いない。そこで、タイミングを見計らって、ペリエと彼の使ったナイフをさっと入手した。後日、FBIにそれを提供した。

情報機関の世界では、情報はギブアンドテイク。恩を売っておけば、後でこちらが欲しい情報として返ってくるものだ。結局、その一等書記官は偽札を流通させた張本人だと判明したとFBIから連絡があった。

蓮池薫さんを拉致したのは、ある日本人の戸籍を奪った北朝鮮人だった

日本における北朝鮮の活動といえば、背乗りを思い出す。

日本の外事警察は、潜入捜査はもうやっていない。以前なら、完全に民間人になりきるために、警察をやめて身分偽装をすることはあった。人の身分を奪う背乗りではないが、戸籍も用意して、別人になりきるのである。嘘の出身学校も頭に叩き込んで、確認されても大丈夫なように周到にストーリーを用意していた。

北朝鮮スパイも、自分の背格好と生年月日が近く、すでに亡くなっていて、身寄りのない日本人になりきっていることが多かった。完全に他人になりきっているので、結婚した後も、その妻や子どもがずっと気がつかないままだったということすらあった。ちなみに2011年の東日本大震災でも、警察当局は背乗りを警戒していた。多数の行方不明者がいたので、背乗りがしやすい状態だったからである。

北朝鮮の背乗りで思い出すのは、日本人拉致事件にからむ話だ。1972年に石川県能登半島の羽根海岸から日本に密入国していた北朝鮮スパイのチェ・スンチョルは、東京の

台東区山谷で、病気で死にかけていた福島出身の小熊和也さんと知り合った。チェは小熊さんに入院費を払うと持ちかけて入院させて、そこで戸籍を奪うことに成功していた。チェは「小熊和也」を名乗って欧州でスパイ工作に従事していたという。そして1978年7月、チェは他の工作員2人と共謀して、新潟県柏崎市で蓮池薫《はすいけかおる》さん・祐木子《ゆきこ》さんのカップルを拉致して、北朝鮮に運んだ。チェは他にも日本人を拉致した可能性が指摘されている。また、チェは別の日本人にも背乗り工作をして、スパイ活動をしていたと見られている。

北朝鮮についてはもうひとつ触れておきたい。それは欧米による制裁下の不正輸出である。産業スパイと並んで、武器転用が可能な日本の技術が北朝鮮にわたっているとして時々、日本企業が摘発される。もっとも、これについては日本企業が可哀想な部分もある。企業側はミャンマーやラオスの企業と取引をして、なんら悪気もなく商売として商品を輸出するのだが、その先で北朝鮮に流れてしまうのである。それが経済制裁に引っかかると、日本の警察も捜査することになるのだ。北朝鮮は、日本とダイレクトに取引できないのをわかっているので、東南アジアでチェックの緩そうな企業を間にかましてから、バラバラにして部品として北朝鮮に運ぶ。エンドユーザーまでは、企業ではなかなか把握しづらい現実がある。

六章

舞台裏に潜む情報機関

警視庁公安部の警察官として、日本にある150カ国以上の大使館の警備を担当していた私も、もちろんすべての大使館とその内情、人事を把握していたわけではない。例えば、日本にはスーダン大使館があるが、2011年に、スーダン国内の自治州だった南スーダンが独立した。もちろんスーダンにも情報機関があるはずだが、その関係者とは会ったこともないし、話を聞いたこともない。アフリカに仕事で行っても、もちろん会う機会もなかった。

ただ警備関係で大使館とやりとりをする中で、各国の情報機関関係者と接触する機会があったり、他の情報機関の話を聞くこともあった。大使館関係者や情報機関としては大使館周辺や自国民コミュニティのセキュリティ状況は把握したかったのだろう。そんなところから、世界のスパイたちの様子を知ることができた。

ここまで見てきた国々以外にも、日本で活動している情報機関はある。もう少し、各国の事情も見ていきたいと思う。

韓国

韓国は日本で拉致事件を引き起こしたことがある

韓国の対外情報機関は、国家情報院（国情院）だ。もともとは、韓国版ＣＩＡとして知られており、ＫＣＩＡ（韓国中央情報部）と呼ばれた悪名高い組織だった。

言うまでもないが、韓国にとって日本は非常に重要な隣国である。日本に滞在する韓国の情報機関員はかなり多いといえる。韓国大使館には、日本支局があり、大阪や横浜にある総領事館にも情報機関員が配置されている。

日本には大きな韓国人コミュニティが存在する。在日韓国人も多い。さらには、韓国が動向を調べる重要な対象となっている北朝鮮の関係者も多い。韓国の情報機関員の情報関心は、韓国に対する日本の世論だ。韓国に対する政治家や有識者の発言も気にかけていて、きっちりと調べているのがわかる。

加えて、日本の世論が反韓に流れないように対策を検討したり、反韓感情が高まると、なるべくインパクトを小さくするように動く担当者もいる。そのために、親韓の政治家や議連の政治家のパーティに普段から出席しているようだ。

北朝鮮に関する情報はかなり重要視している。日本に住んでいる北朝鮮人である「土台《どだい》人《じん》」やスリーパーの情報、さらに北朝鮮の資金調達の動きにも関心を持っていた。日本で金や物品をどこから調達して、どのように運んでいるのか、といった情報だ。噂レベルのものから、かなり具体的な情報も求めている。例えば、朝鮮総連の議長は、かなりの高齢で、長く病院に入院している。入院する前は、その議長の動きをかなり気にしていた。

一度、こんなことがあった。ある時、朝鮮総連の敷地に救急車が呼ばれた。それを察知した韓国の情報機関員は、すぐに私に何か情報を知らないかと問い合わせして来た。私が確認すると、来訪者が発作を起こしたことで救急車が来ただけで、議長が運ばれたわけではないことがわかった。私はそれをすぐに伝えたが、この情報機関員はすぐに自国にリポートにして送電したという。

実は国情院は、ほかの国の対外情報機関とは違い、韓国内で逮捕権を持っている。警察のように法執行ができるのである。ただすべての犯罪に対してではなく、スパイ行為の捜査や汚職事件にのみ逮捕権を行使できる。韓国にはスパイ活動防止法に相当するものがあるので、きちんとスパイも捜査しており、しょっちゅう逮捕者も出ている。

国情院の情報機関員の特徴としては、エリート意識が強いことが挙げられる。大使館でも自分たちは大使の指揮下になく、独立しているという意識が伝わってくる。彼らと接すると、自分たちは他の外交官とは違うと考えているのがわかる。また国情院の情報機関員は、北朝鮮に対する敵対心が非常に強い。日本に対しても思うことはあるのだろうが、私などにはそれをおくびにも出さない。竹島に絡んだニュースが出て、日韓で世の中が騒いでいても、「ここでわれわれが話をしても解決にならないから、この件について話すのはやめよう」となる。私の仕事は、どこに相談していいかわからない時に連絡ができる人になることだったので、そのあたりは割り切って付き合いをしてきた。

日本には、韓国政府公認の民族団体である在日本大韓民国民団（民団）もあるし、同胞も多い。民団の窓口は大使館内の領事部であり、両者のつながりもかなり深い。韓国の領事部は、日本の外務省と構造が似ていて、領事部には警察出身の領事と外務省プロパーの領事の二本立てになっているのが特徴だ。東京では、領事部と民団が同じ建物に入っている。よく飲み会などの会合を行っていて、情報収集能力とネットワークは強い。そこから国情院は情報を吸い上げていくわけだ。

ただ国情院は、民間企業とはあまり密ではないようだ。企業側も、国情院とのつながりを知られると、国家の手先だと思われる可能性があるので避けていたようだ。韓国人から見ると、KCIAは過去には政府の手先として蠢《うごめ》いてきた記憶があるから、国情院は恐ろしい組織で、監視なども厭わないイメージがあるのだろう。

彼らは、北朝鮮系の朝鮮学校や朝鮮総連をはじめ、かなりの情報を把握していて、膨大なデータベースを持っている。日本に住み着いた土台人からすでに亡くなった人までを含めて、ずっと記録は残しているという。北朝鮮系も韓国系も、日本では同じエリアで共存しているので、北朝鮮系との関係性の情報や、生活圏内で知りうる北朝鮮の話なども収集している。

日本では、1973年に金大中《きんだいちゅう》誘拐事件があった。この事件は、韓国の民主化運動家だった金大中が、東京でKCIAに拉致された。金大中はのちに韓国の大統領に上り詰めるが、韓国が日本で拉致事件を引き起こしたことで、日本の古株の公安警察には、いまも韓国は信用できないと言っている者もいる。

国情院の情報機関員に聞いたところによると、実はいまも、国情院は韓国国内においてスパイ容疑で捜査が必要とあれば、ワゴン車を使って関係者を連行して取り調べる、とのことである。国情院は、日本では静かに、だが積極的に活動をしている。ただ彼らは、少なくとも、大使館に街宣活動をしている右翼の日本人たちに嫌がらせをするような活動はしていない。情報を集めることはあっても、露骨に日本人を監視するようなことも、日本ではもちろんやっていない。

イスラエル
暗殺・・・手段を問わないモサドは日本に協力者を多く抱えている

イスラエルといえば、世界的な情報機関であるモサド(イスラエル諜報特務庁)が知られている。

東京都千代田区にあるイスラエル大使館には、モサドはいない。そもそも在日のイスラエル大使館には外交官がそれほどおらず、外交官の身分をもったモサドはいなかった。ただイスラエル系およびユダヤ系企業はビジネスが活発で、大使館もイスラエル系企業などとは関係が密であり、独特のコミュニティを形成している。モサド機関員は日本の周辺国の大使館には駐在している場合もあり、必要に応じて日本に姿を見せる。

モサドが世界最強といわれる理由は自国を守るためなら手段を問わないところだ。敵対した時の制裁スピードはすさまじいものがある。日本の至るところに協力者を多数持っているといわれている。

在日イスラエル大使館では、指定された外交官が公式なリエゾン、すなわち窓口となっている。ただ公式な窓口と付き合いをしていても、一辺倒の回答しか出てこないものだとわかっていた私は、モサド機関員が来日した時に、一度挨拶をして緊急時に連絡を取れるようにしたことがある。

私の知る限りでは、モサドが日本で大きなオペレーションを進めていたり、情報交換を行ったということはなかった。大使館自体は、自国の有利になるようなイベントなどを支援する活動をしていた。

ある時、東京都渋谷区にあるユダヤ教の会堂であるシナゴーグに、ある在日外国人がユダヤ教徒のふりをして会員登録をしようとしたことがあり、ちょっとした騒動になった。実は、シナゴーグはユダヤ人をつなぐ社交の場でもあり、駐日イスラエル大使もイベントなどには姿を見せる。ユダヤ教徒だった当時の駐日ルーマニア大使も来たことがあった。在日のイスラエルコミュニティのリーダーも頻繁に姿を見せた。情報も飛び交い、スパイネットワークさながらの役割もある。

そんなシナゴーグに、不審な外国人が接触してきたことに責任者が気付いたのである。

そして、その外国人を徹底的に調べることになった。この騒動の際には、国外からモサドが来日して対応していた。

私を経由して、日本の警察にも相談があった。だが困ったのは、具体的な容疑がないことだった。会員登録をしようとした、ただそれだけだ。断れば済む話である。しかしイスラエル側はこの件をかなり深刻に捉えており、「われわれは本気だ」と主張していた。必要あらば、実力行使も選択肢にあると言わんばかりの勢いだった。結局、管轄警察署への相談事案として扱うことにした。

日本でもユダヤ系の人たちは独特のネットワークがあり、民間企業にいる人でも自国のモサドとつながりのある人もいると聞く。

イスラエルといえば、大使館の警備をかなり厳重に行っている。というのも、いろいろな不審な連絡が届く事案が実際に起きているし、不審な人物の目撃例も時にあるからだ。世界中で狙われやすいという事情もあるのだろうが、大使館警備の訓練にもかなり力を入れている。日本警察も常に警戒していて、24時間警察官が配置されている数少ない大使館のひとつだ。他はアメリカ、中国、韓国、ロシア、そしてイスラエルである。

オーストラリア情報機関員は皆日本語がペラペラ

オーストラリアは日本との関係を非常に重視している。日本がオーストラリアを思っている以上に、向こうは日本のことを思っているのである。それを証明するかのように、オーストラリア大使館には情報機関員が複数いて、全員が日本語を流暢《りゅうちょう》に話す。他の大使館も見てきたからいえるが、日本との関係に利益を感じ、日本に対する情報関心がなければ、予算をかけてまでこのような体制は取らないだろう。ちなみに、カナダは情報関係者を日本から完全に撤収してしまっているくらいだ。

在日アメリカ大使館なら、しょっちゅう不審電話が来たり、とっぴなことを話すような変わった人が来たりと、問題が多い。警察の連絡担当として一番やりとりする機会が多いのはアメリカ大使館だが、対応する側としてはやはり大変な思いもする。アメリカ大使館は求める警備のレベルが高く、警備を担当する警察がお叱りを受けることも多い。

その点、オーストラリアの情報機関員はみな人がよく、お酒も好きで、楽しく付き合うことができる。もっとも、切羽詰まった案件が少ないということもある。

オーストラリアにも、対外情報機関と国内情報機関がある。ＡＳＩＳ（秘密情報局）とＡＳＩＯ（保安情報機構）が主要な情報機関だ。オーストラリア大使館には、ＡＳＩＳの日本支局がある。なぜ日本に複数の情報機関員を置いているのかというと、日本とも関係が深い中国の存在があるからだと私は見ている。大使館で情報関係者になぜ複数の担当者を置いているのかと聞くと、「それだけ日本が好きなんだ」とお茶を濁すのだが、中国関係者の日本での動きを警戒し、オーストラリアへの影響を探っているようだった。

オーストラリアは近年、中国との緊張関係もあって、中国がらみのスパイ事件も起きている。オーストラリアはファイブ・アイズ（ＵＫＵＳＡ協定）のひとつであり、安全保障で欧米と密につながっている。

オーストラリアから見ると、日本は中国や韓国、北朝鮮に近い国ということもあり、中国系や韓国系も数多く暮らしているし、いろいろな分野で中韓系に食い込まれている実態があると見ている。日本にはオーストラリアよりも、中韓系の人たちが深く根付いているので、日本での情報収集に価値を見出しているようだった。事実、在日の中国系だけを見ても、四世や五世の世代までいる。そういう日本の中で、中国の立ち位置を調べていたり、中国本土にもう身内もいない中国系移民の中国との関係も探っている。そこに中国に対する忠誠心がどれだけあるのか、などである。これからオーストラリアにも中韓がより食い込んでくることになるので、日本を先例として研究もしているのだろう。

オーストラリアの情報機関員は、すでに述べた中国大使館の恵比寿別館も警戒していた。さらに中国大使館が、ドイツ大使館や駐日欧州連合代表部大使館の近くに新しい土地を購入した際には、その動きや、進捗状況についても、私に問い合わせてきた。周辺の大使館もかなり関心を示していたのを覚えている。

ある時、髭を蓄えた怪しい男が、オーストラリア大使館の領事部を訪ね、ビザについて質問をしてきたということがあった。ただその様子は不審で、大使館内をうろつくような仕草も見せた。そこで、領事部のビザ担当が、怪しい人たちがいるということで情報関係者に連絡。そして機関員たちが男らの様子をチェックしていると、大使館を出た後も、裏口をチェックしながら周辺をぐるぐる歩き回っていたことが判明した。中を覗き込むような様子も確認されていた。さらには、離れたところからしばらく入口の様子も見ていた。

その後、オーストラリアの情報機関員たちが男の足取りを洗うと、大使館訪問前にも大使館周辺をうろうろと歩き回っていたことが明らかになった。その後、警視庁公安部に連絡があり、私が警戒体制のアドバイスと緊急時の連絡方法を確認した。また、その男を可能な範囲で調査した結果、中古車業の就労ビザで日本に滞在しているアジア系だったことが判明した。われわれもしばらく様子を見ていたが、しばらくすると出国してしまったことがわかった。何も起きなかったのでよかったが、行動の目的は何だったのか、謎が残った。

もうひとつオーストラリアの情報機関員から聞かれたのは、ギュレン運動についてだ。ギュレン運動とは、トルコの説教者で作家のフェトフッラー・ギュレンの教えに共鳴した人たちの社会運動のことを指す。2016年にトルコでクーデター未遂が起きると、レジェップ・タイイップ・エルドアン首相は、ギュレン派の犯行であるとして弾圧を強め、政権内でもシンパがいれば粛清を行った。

日本には、そんなギュレン派を支持するグループがあり、その代表が日本からオーストラリアへの移住計画を進めていることがわかった。オーストラリアの情報機関員たちはその動向をかなり気にして調査していたが、結局、オーストラリア側はいろいろな理由をつけて移住を認めなかった。

モサドのスパイを何人も摘発できる組織

トルコも能力の高い情報機関を持っている。国家情報機構（ＭＩＴ）がそれだ。

ＭＩＴは国外の情報収集活動や工作だけでなく、国内でスパイを捜査する防諜機関の機能も持っている。ＭＩＴといえば、２０２３年5月にはトルコ国内の情報を収集する活動をしていたモサドのスパイを何人も摘発したことでメディアを賑わせた。さらに同年4月には、ＭＩＴが過激派組織ＩＳ（いわゆるイスラム国）のリーダーだったアブ・フセイン・アル・クライシ指導者をシリアで暗殺したとトルコ政府が発表している。情報収集のみならず、暗殺工作も実施しているのである。

そんなＭＩＴ機関員は在日トルコ大使館にも来ていた。トルコはトルコ軍の情報部門も有能で、日本でも軍から来た駐在武官がトップを務める武官室が中心となって情報収集活動を行っていた。

ドイツ

日本赤軍の関係者を追っている

ドイツにも非常に強力な情報機関があり、日本にも支局を置いている。ドイツの対外情報機関は連邦情報局（ＢＮＤ）だ。１９５６年に設立され、アメリカのＣＩＡとはかなり近い関係を維持している。

日本に駐在しているドイツの情報機関員はこれまで数人会ってきた。みな英語が堪能だが、日本語はほぼできない。ドイツの場合は、もう活動はしていないと見られているドイツ赤軍（ＲＡＦ）と関係がある日本赤軍の関係者がいまだ逃げているので、そのあたりの動向も情報関心になっているようだった。ちなみに、ドイツ大使館には大使館警備としてドイツ警察が来ていたが、もう廃止になって、いまは大使館に詰めていない。

日本では日本赤軍の元最高幹部だった重信房子《しげのぶふさこ》が２０２２年5月に釈放された。すると日本では、まるでヒロインであるかのように歓迎する人たちがいたことで、国際社会からもその様子は注目された。今もカンパや寄付、支援をする人たちがいることが明らかになったわけだが、そこに国際連携はないのか、と案じる声が上がっても不思議ではない。支援者らの背景についても関心を持つのは当然のことだ。

ドイツの情報機関員たちはまた、元赤軍メンバーでヨーロッパ出身のジャーナリストとして日本に暮らしていた人物も警戒していた。特に、ドイツのアンゲラ・メルケル首相やＶＩＰが来日する際に、元赤軍のジャーナリストや、その取り巻きが動きを見せないかを心配していたのである。このジャーナリストは、取材の一環なのかどうかはわからないが、日本の裏社会の人たちとも付き合いがあり、日本で国際会議があると運営側と取材範囲について よく揉め事を起こしていた。

ドイツは、日本との外交関係が比較的に長いことから、協力者も少なくない。日本語ができないながらも、いろいろなイベントにも顔を出している印象だ。クリスマスには大使館敷地内で内輪のパーティを開催することもあり、私も何度も出席して在日ドイツ人や他国の情報機関員と名刺交換をした。

フランス

日本からロシアや中国に流れる軍事情報を調べている

フランスも大使館に対外情報機関である対外治安総局（ＤＧＳＥ）の日本支局をおいている。あまり日本との間に大きなイシューがあるわけではないが、日本からロシアや中国などの武器製造業に流れる軍事転用可能な部品の輸出の流れを調べていた。

またフランスといえば思い出すのが、Ｍ国のスパイの話がある。ナイジェリアのＭ国大使館では活発に情報収集活動をしていたスパイがいて、現地のフランス大使館も当時から目をつけていたという。ナイジェリアではイスラム教スンニ派武装組織ボコ・ハラムが、子どもの誘拐事件やテロ攻撃を続けており、治安がかなり悪い。そのスンニ派勢力の動きを警戒しているシーア派大国のＭ国は、ナイジェリアなどでも諜報活動や工作活動を活発に行っている。

そのスパイが、日本のＭ国大使館に赴任していることが判明した。フランス大使館の情報機関員が注目したのは言うまでもない。

フランス大使館の情報機関員は、そのＭ国人スパイの所属が日本のＭ国大使館領事部の肩書になっているという情報を摑んでいた。その男がなぜ日本に勤務しているのかを気にしており、私に関連情報を話した後、「こいつに関することならどんな小さいことでも連絡をくれ」と依頼された。

その後少しして、M国大使館が「M国ナショナルデー」のレセプションをやるとのことで、私も招待されて出席した。レセプションの前には、フランス側から見せられていた写真の顔を頭に叩き込んでおいた。大使館のレセプションでは、大使が招待客を会場入口で迎えて握手をして、それぞれと簡単な挨拶をしてから会場に案内することがある。その日は、招待客の長い列ができていたが、その様子を少し離れたところからじっと見ている尋常ではない雰囲気の男がいた。それが問題のスパイだった。私はタイミングを見てそのスパイとも挨拶を交わし、名刺交換をした。

その後も、その男の人脈やつながりをフランス側は追っていたと思う。実は私も、この男の様子を追っていた。結論からいうと、このスパイは日本にいるM国人の動向を調べていただけだった。特に、反政府活動をしているM国人を監視していた。加えて、大使館内の職員にも目を光らせていた。というのも、大使館の情報関係者は、時に大使館内に反政府の人はいないかはもちろんのこと、日本の情報機関に買収されていないかといった内部監察的な動きをすることがある。時には大使の動きまで監視することもある。

もともと、日本に来ているフランスの情報関係者には、ガツガツしたイメージはないが、特定の関心事項があると熱心に活動する。

オランダ

アフリカ某国での核施設襲撃事件でいち早く情報を摑んだ

スパイとは隠密に活動をする人たちのことだ。要は、バレてはいけない存在なのである。アメリカのCIAは陰謀論的な話も含めて、スパイ工作がニュースになることも少なくないが、本来であれば、そこまで目立つことは望んでいないはずだ。

その点、オランダの情報機関であるAIVD(総合情報保安局)は、常に目立たぬように派手な仕事をしている組織として私も一目置いている。

オランダのスパイはとにかく能力が高い。先に述べた、アフリカ某国での核施設襲撃事件でも、かなり早い段階で情報を摑んでいたのはオランダの情報機関員だった。さらにアフリカ某国で国際的なスポーツ大会の警備の準備をしている時も、参加国のひとつだったオランダの情報機関員が運営側の治安当局にもかなり食い込んでいた。オランダの情報機関員は、いろいろな場面でその存在感を示している印象であった。

2010年にイランの核燃料施設がサイバー攻撃を受けたことが判明した際に、CIAやモサドと一緒に作戦に加わったのも、AIVDの情報機関員だったとされる。特に核兵器や原子力関連には敏感で、世界各地で情報収集や工作活動をしている。

日本のオランダ大使館には、AIVDの情報機関員はいない。必要に応じて、周辺国にいる情報機関員が日本に入ってくるのである。私は日本でも意見交換をしたことがある。

パキスタン

MI6も敬意を払う情報機関「ISI」

パキスタンには、「国家の中の国家」と呼ばれるほど強力な情報機関がある。ISI(軍統合情報局)だ。ISIは、内政や安全保障に大きな影響力を持っている。

そんなISIのスパイも日本にいる。外交官の身分ではない大使館職員として勤務しているのだ。彼らは主に、日本のパキスタン人コミュニティを監視するのが仕事だ。在日パキスタン人はコミュニティが非常に複雑で、反政府勢力もいれば、宗教少数派もいる。そうした勢力同士は仲が悪いが、コーランを焼却するといった国際的にイスラム教徒が侮辱されるような事件が起きれば、一緒になってアメリカ大使館などに抗議デモに向かう。そうした動向を、ＩＳＩのスパイはチェックしているのである。

パキスタン人のなかには、日本の中古車を輸出するビジネスをしている人たちが少なくない。ヤードと呼ばれる場所を運営しており、ビジネスとして中古車や自動車部品を輸出している。そして、ごく少数であるが高級車を盗んで、バラバラにして部品ということで輸出してしまう者もいる。その密輸先になっているのは主にアフリカで、そうした情報もパキスタンのみならず、あちこちの情報機関のスパイが情報収集をしている。

南部アフリカ諸国の都市など海沿いの街では、パキスタン系の人たちが多く暮らしている。１９４７年に英領インドが分離してインドとパキスタンがそれぞれ独立したが、その頃に労働者として南部アフリカ諸国に来ていた人たちが、さらに親戚を呼ぶなどしてコミュニティを形成した。一般的に南部アフリカ諸国は自動車の関税が非常に高いので、犯行グループは自動車を盗んでバラバラにして部品として輸出して、現地で組み立てる。特にトヨタのランドクルーザーなどの高級車が人気だ。これを組織的にやっているグループやその関係者をわれわれが現地警察と捜査協力することで情報交換し、日本の違法ヤードを突き止めていた。そうした自国民の違法な活動を、ＩＳＩは世界のみならず、日本でも監視しているのである。

ファイブ・アイズ

日本は入れてもらえない一部国家間のスパイ協定

ファイブ・アイズは国家ではなく、５つの国の情報共有のための枠組みだ。アメリカ、イギリス、カナダ、オーストラリア、ニュージーランドが合意しているＵＫＵＳＡ協定のことをファイブ・アイズと呼んでいる。アングロサクソン系で英語が母国語、そして同じ価値観を共有する国々だが、この5カ国の関係は深い。

ファイブ・アイズは、日本でも会合を行っているようで、イギリスの大使館関係者も「先週、集まった」と、私にポロッと言ったことがある。私はその前から日本に情報機関員を置いていないニュージーランドやカナダも参加して関係者が会合を日本で開いていると確信していた。なぜなら、ファイブ・アイズ会合の下調べを行うニュージーランドの先遣隊に会ったことがあるからだ。先遣隊は、その名の通り先に日本に来て、会合や面談などのいろいろな準備をする。私にも警備的な話を聞き取りに来るし、その際に、「いまこんな情報があるんだけれど、もっと追加情報はないのか」と聞かれたりもする。そして、同じタイミングでイギリスの関係者もニュージーランドの情報関係者と会ったと話したので、点と点がつながったのである。つまり、日本はファイブ・アイズの会合が行われる場所のひとつにもなっているということだ。とはいえ、アングロサクソン系国家の集まりだから、当然のことながら、日本は入れないのである。

ここまで見てきたような主要国以外にも、ほとんどの国が対外情報機関、つまりスパイ組織を持っている。日本のように、対外情報機関のない国は珍しい。国の大きさは関係なく、ほぼすべての国が自国と国民の生命・財産を守るために国外に出て情報収集をしているのである。

七
章

日本、スパイ天国からの脱却

日本企業を狙うスパイ退治のため外事警察が本格的に動き出した

いま日本は対外情報機関を持たず、国内での外国によるスパイ行為を摘発するためのスパイ活動防止法のような法律もない。そんな状況の中でも、少しずつではあるが、変化を見せ始めている。

そのひとつが、2019年から本格的に動き出した経済安全保障（略称：経済安保）である。経済安保の目的は日本の最先端技術が外国で軍事転用されないように防止することである。この流れでスパイ防止法も検討されるだろう。

経済産業省の大臣官房内に、「経済安全保障室」が設置されたのを皮切りに、翌2020年には、内閣官房の国家安全保障局（NSS）に、「経済班」が作られた。2021年には経済安全保障推進会議が開催され、経済安全保障法制準備室が立ち上がった。それに伴い、警視庁公安部にもロシアや中国を主眼にした経済安全保障の専従班が設けられている。公安部の専従班は企業の社員がパーティに出席してロシア人や中国人と名刺交換をしていないか、その後はどういう関係になっているのかを調査する役割を持っている。実際に名刺交換した後にロシア人や中国人と会食したという事例は数多く報告されているが、今のところほとんどのケースで機密情報の漏洩は確認されていないという。ただし、公安部が直接現場を見ているわけではないので、報告された内容が真実であるかは不明だ。というのも、本書で再々述べてきた通り、企業側が株価やイメージを気にして正直に報告しない場合があるからだ。外国人との名刺交換はロシアや中国に限らず、他国の人々とも行われているので、注意すべきだろう。

2022年には経済安全保障推進法が施行された。民間人や研究者が非公開の特許情報を漏洩した場合には、2年以下の懲役または100万円以下の罰金を科すという罰則も追加された。

私の現役時代には、経済安全保障という言葉はなかった。表向きは、経済成長や貿易、投資の促進、サイバーセキュリティ強化などというもっともらしい言葉が並ぶが、経済安保で意識しているのは、いうまでもなく中国による産業スパイ活動だ。

経済安保の対策が急ピッチで進められた背景には、アメリカと中国の間で、経済や安全保障の対立が激しさを増すなかで、日本もその流れに乗り、経済問題が日本の安全保障に直結するという意識が広がってきたことがある。経済安保対策は、基本的にインテリジェンス能力の強化であり、日本ではこれまでも、自衛隊の関係者がロシアスパイに騙されてきたし、中国のスパイ行為の脅威が高まるなかで、アメリカからも「日本しっかりしてくれよ」という意味合いのプッシュもあったはずだ。

これまで日本は、産業スパイ行為の無法地帯になっていた。その最前線で戦ってきたのが、日本の防諜部隊である外事警察である。特に、私が勤めてきた日本最大の法執行機関である警視庁は、数多くのケースを扱ってきたが、それでもマンパワーには限界があった。怪しい情報は無数にあり、情報提供されるものから、公安が独自に見つけ出すものまで幅広いが、スパイ防止法のような法律がないことで、ひとつひとつを慎重に掘り下げて現行犯に近い形でスパイ行為を摘発する必要があった。結局、すべてを扱うことは困難になり、重大と思われる事件を優先して取捨選択するために、やむなく対応に及ばないケースも大量にある。つまり、やられっぱなしの状態だということにもなる。そして残念ながら、その状態は現在進行形で続いている。

だからこそ警察庁は47都道府県の外事警察に指示して、すでに触れたように、アウトリーチ活動でスパイ事案を紹介して啓蒙することも始めたのである。

産業スパイのケースでは、苦し紛れの対応を強いられることもある。例えば、東京にある精密機器工場で、レンズ関連の仕事をしていた社員がロシアのスパイにそそのかされて、技術が盗まれそうになっているケースがあった。実は、一部はすでに情報が盗まれているとこちらは見ていたのだが、会社にはそれを知らせることなく秘匿捜査を続けていた。ただ現行犯で情報を手にする瞬間を押さえるのは難しいと判断して、結局、「強行尾行部隊」を投入した。

強行尾行部隊とは、ターゲットにわざとわかるように尾行をすることで、スパイの目的を達成できないよう妨害する手法だ。警視庁公安部では、いくつかの強行尾行チームがあった。

強行尾行部隊は、スパイが建物から出た後、こちらの存在を見せつける。通常2人以上で行う尾行で、尾行対象の前にわざと登場する。トイレに入る時も、エスカレーターに乗る時も、どこでもわざとらしいくらい、しつこくくっついていく。そしてずっと見ていたとわからせるのである。それで動きを封じ込めることに成功したケースは多い。この時点である程度、情報が盗まれている可能性はもちろんあるが、それ以上ダダ漏れさせない。そうすると、このスパイはここまでついて来られるともう活動ができないと観念し、さらに情報提供者の身の危険を感じながらも国外に出てしてしまう。ロシアの場合なら、帰国してもまた代わりのスパイを送り込んでくるのだが……。それでもこちらにとっては、妨害成功ということになる。ロシアスパイに罪を償わせることはできないが、スパイ行為を食い止めたことに変わりはない。

防諜活動としてスパイ行為自体を摘発する法律がないために、日本の公安はこうした工夫をして、スパイと戦うしかない。しかも、こういうケースは決してニュースにもならないのである。

これは氷山の一角に過ぎず、妨害に成功した例は数多く存在する一方で、対応できないままのケースも多い。それもまた日本の現実である。相手はそれをよくわかっていて、悪びれることもなく、危険に感じることもなく、スパイ活動を堂々と繰り返している。

日本が経済安保に力を入れてそうしたケースにまで対策を行き渡らせることができないと、日本の技術力は長い目で見ればどんどん失われていく。もちろん、やっと対策は始まっているのだが、それでも遅い気がしてならない。

世界の情報機関との正式窓口が日本にはない

2021年に神奈川県座間市の元会社社長が過去30年ほどロシアスパイに軍事や科学技術関係の資料を渡していた事件はすでに紹介した。だがこの事件は、日本のスパイ対策関係者にとって大変な失態だと記憶されている。

このロシアスパイは、ロシア通商代表部に属していた。問題は、30年近くにもわたって、警察がロシアスパイの動きを把握できていなかったことだ。被疑者は神奈川県在住だったが、それでも、スパイは東京から神奈川に出向いていくし、東京でもいろいろと動きは見せていたはずだ。30年もの長さとなると、通商代表部のスパイは異動でロシアに帰り、この会社社長を担当するスパイの引き継ぎも何度かあっただろう。にもかかわらず、警察はその動きを察知できていなかったのである。しかも、ロシアスパイの場合は、外交官として日本勤務をする情報機関員をある程度摑んでいるのに、である。

繰り返すが、スパイ防止法のような法律があれば、ここまで見てきたような日本における外国人スパイの活動の被害は、避けられたケースも少なくない。やはりすぐにでも法整備は必要であると、現場で外事警察として働いてきた者として、何度でも言いたい。

だが日本の防諜における問題点はそれ以外にもある。

例えば、連絡体制の不備だ。日本で諸外国の情報機関とやりとりをする公式な窓口は、警察庁にある。ただこれがうまく機能していない。警察庁で国ごとの窓口を設置するが、面倒な話は持ってこないでほしいというスタンスで働いている人もいるため、きちんとした対応ができていないことがある。しかも、大使館関係者らに言わせれば、正面から問い合わせても手続きに時間がかかりすぎるという問題もある。

大使館や情報関係者ときちんとやりとりをして対応しておくことで、逆に日本の国益につながるような協力が得られることもあるし、情報が得られることもある。情報機関員との関係はギブアンドテイクで成り立っていると、本書では何度も述べてきた。この窓口業務をもっと活用することが、本書で取り上げてきたようなスパイ行為への対策にもつながるのである。逆を言えば、そうしなければ、情報機関員からの日本当局への信頼が失われ、結果的にさらに日本をスパイ天国にしてしまっている要因のひとつになる。

問題は警察庁だけではない。内閣情報調査室もセクト主義になり過ぎている印象で、縄張り意識が強い。内調は、警察庁や公安調査庁、外務省、防衛省の情報関係者が出向して集まっている。だが彼らは、せっかく同じ組織に属しているのに、それぞれが情報を共有したがらない。例えば警察庁が収集した情報は、決して横には伝えない。これでは同じ機関に属している意味がなく、本来の情報を一カ所に集約するという機能が働いていない。

2007年にはこんな事件も起こしている。内閣情報調査室長が、内調の職員に外部の人脈を使って情報収集するよう発破をかけた。ところが、慣れないことをやった職員が、失態を犯した。出向組ではない内調職員が、中国関連のセミナーでロシアの外交官と知り合い、情報を得るために会うようになった。この外交官はスパイ訓練を受けたGRUのスパイだった。内調の職員は情報を取るつもりが、見事にロシアスパイに手懐けられ、ロシア側に情報を提供するカモとなってしまっていた。

警視庁公安部はこの内調職員の動きを察知し、捜査を始めた。公安部は、内調職員がロシアスパイと会う時には、外事一課で尾行や摘発を専門に行う精鋭部隊「ウラ」の捜査員を動員し、カップルやサラリーマンに扮して徹底した監視を行った。店内では、隠しカメラや高性能マイクで動きをチェック。そうして、内調職員を摘発した。もちろんだが、ロシアスパイは知らん顔で出国した。

2013年12月に成立した特定秘密保護法によって内調のトップである内閣情報官が、

秘密指定の妥当性をチェックする委員に就任したり、特定秘密保護法に関する企画、立案、総合調整までを行うなど、これまで以上に権限を拡大しているが、それを上手く活かせているのかはわからない。縄張り争いよりも、国民を向いて仕事をしてもらいたいと願うばかりである。

1990年代〜2000年代にイスラム過激派が日本に潜伏していた

こうした問題をクリアにしていかないと、日本が直面する危機には対応できないだろう。これまで明らかにされていない、実際に日本が危険な状況に陥っていたというケースを紹介しよう。

まずは2001年に摘発されたケースだ。1990年代〜2000年代に、イスラム過激派メンバーらが日本に潜伏していた。大規模なテロを計画していたのである。日本は生活水準が高くて給料もよいために、資金を集めやすい。実際にメンバーらは、シンパからカンパを集めていたことも後にわかった。当時、警察にはテロ対策を担当する部署はなく、警察庁には「対策室」、警視庁には「対策班」という部署があるだけだった。

もともと、このイスラム過激派メンバーらの動きが察知されたのは、日本から遠く離れたドイツの北部ハンブルグで行われた地元警察の捜査だった。その捜査の一環で行われた家宅捜索で調べたパソコンから、日本の高速鉄道の写真が出てきた。つまり、イスラム過激派が日本の高速鉄道でテロを起こそうとしていた可能性が浮上したのである。ところが、この写真については、ドイツ当局が直接、日本に知らせてくることはなかった。おそらく、日本はドイツの情報機関とパイプが太くなかったからだ。だが、その情報をつかんだ海外情報機関が、日本に知らせてきた。イスラム過激派らはH国人だと判明し、さらに日本における捜査で、大量の火薬を集めていたこともわかった。テログループは、2002年5~6月の日韓ワールドカップの開催前か期間中に、爆破テロを計画していたのである。

それから捜査が尽くされた結果、2001年にイスラム過激派らを逮捕することができた。しかしながら、逮捕の事実は伏せられた。大きな話にしてパニックが起きないよう配慮したのである。犯人グループには、H国人やA国人がいた。アジトは、H国人が借りた東京都内のマンションで、武器を製造していた。上下左右に住民がいることを考えると、危険極まりない状況だった。一歩間違えれば、大事故になる可能性があった。

実はこのケースでは、爆弾を作ろうとしていた協力者が別にもいたといわれている。材料を集めていた集団がほかにも複数あったが、それらの関係者は何事もなく出国したのを警察も確認していた。最終的に、テロは未然に防ぐことができたのである。

日本では五輪やサミットなど大きなイベントもよく開催されるので、日本にいる情報機関の関係者らもそういう情報はかなり関心を持って調べている。

その後2004年には、スペインの高速鉄道で爆破テロが起きた。私たちは、あのスペインのテロ事件は日本のケースと無関係ではないだろうと見ていた。つまり、日本で果たせなかった爆破テロをスペインでやったのではないか、と。

また皇居でも、警察庁が管理する皇居警察の杜撰《ずさん》さが問題になったことがある。2020年、皇居内にある宮内庁書陵部《しょうりょうぶ》が所蔵する資料を閲覧できる資料室があり、そこを事前予約した中国人男性が訪れた。するとこの男性は資料室を出ていき、柵を越えて宮内庁庁舎に侵入。庁舎内の食堂で昼食も食べていた。そして立ち入り禁止の宮殿の北庭にも入り、大道庭園へ侵入したのである。資料室を出てから、一時間ほど皇居の中を歩き回ったところを拘束された。

ところがよく調べてみると、この男性は中国大使館でスパイ活動をしている中国人外交官の協力者の可能性があるとして、公安警察がマークしていた人物だったことが判明した。

皇居内を探り、監視カメラなどの警備体制をチェックしていたのかもしれない。こうした行為を食い止めることができないのは、日本にとっては失態以外のなにものでもない。決してあってはならないことである。

ここで紹介した2つの例は、最悪のシナリオを招く可能性があったケースだ。こうした国家を揺るがしかねない脅威が、常に日本にもあることを忘れてはならない。どちらも、鍵となるのは情報、つまりインテリジェンスである。普段から国内外で情報収集をしておかないと、とんでもない損害を国民が被ることになる。

インテリジェンスの世界で、日本はどんどん取り残されていくといってもいいかもしれない。国外に出て、情報収集やスパイ工作を行おうとしても、それを組織的にできる機関が日本にはない。ここまで見てきた通り、私たちのような外事警察出身者が、個人の信念で、自らを危険に晒し、休みを返上して、情報収集をしているのである。世界に同じような独自の活動をしている人たちがどれほどいるのかはわからないが、結局は、国がそうした活動を保障し、守ってくれる体制にはない。

日本の諜報レベルを上げるために、まずは、対外情報機関を設立することから始めないといけない。そのための法整備が必要になる。

ただそれには相当な時間がかかるだろう。情報収集要員をどう養成するのかも想像がつかない。土台となるのは、内調なのか、警察なのか、それとも公安調査庁なのか。どこから手をつければいいのかもわからないほどである。

そしてそれと並行して、日本で暗躍するスパイを摘発できるような法律も作る必要がある。日本政府はそろそろ本気になって「スパイ」について考える時ではないだろうか。

解説

これまで、日本で暗躍するスパイの姿に本書のような角度から迫った本はなかった。

世界的なスパイの歴史は欧米で語り尽くされており、それを翻訳したり焼き直したりしたような本は日本でも少なくない。また日本についても、本書にも登場したソビエト連邦のスパイ、リヒャルト・ゾルゲなど、戦前から戦後の混乱期に活動したスパイの文献が多く残っている。さらに言えば、日本で防諜・情報活動に関連する組織である外事警察や公安調査庁、内閣情報調査室についても書籍が出版されてきた。

だが、現代の日本で蠢いている外国人スパイたちの実態はほとんどが公にはなっていない。私自身、これまで世界各地で数多くのスパイや元スパイ、防諜担当の捜査員、ハッカーなどの情報関係者に取材をしてきたが、日本にいる現役の外国人スパイに直接、取材するのは簡単ではない。そもそも、スパイは人の目を避けながら活動しており、基本的に身元を明らかにはしないからだ。国によっては自国のためにスパイとして働く人の名前を他言することと自体が違法だったりもする。

そういう意味では、勝丸円覚氏の証言は非常に貴重なものだといえる。

勝丸氏が日本にいるスパイたちの生態を知ることができたのは、外事警察の捜査としての防諜活動もさることながら、在日の外国大使館との警備・連絡担当として第三者的に大使館と付き合いをしてきたことが大きい。もちろん、これまでも外事課から大使館の警備担当者をしていた人はいるし、まさにこの瞬間も担当者は存在している。ところが勝丸氏の場合は、大使館担当になる前に自身もアフリカ某国の大使館の警備対策官でありながら、日本のためにという思いから危険を顧《かえり》みず、独自に現地で情報収集をしていた。そしてその経験が、帰国後に大使館担当として仕事をしながら、大使館の情報関係者らと警察との橋渡し役を引き受けるというスパイさながらのユニークな活動をするのに役立った。

しかもそこで見聞きしてきたことを、勝丸氏が本として記録に残そうとする意気があったからこそ、本書は誕生した。現場の実態にここまで迫った内容に当局者からは反発の声もあるかもしれないが、こうした日本の状況についてきちんと国民に知らせることは非常に公益性が高いといえるだろう。

現在、日本におけるスパイ事情は転換点にある。

日本にスパイを送っている国の中で大きな脅威をもたらす国だと見られているのは、日本と緊張関係がある中国やロシア、北朝鮮だ。これらの国からはスパイが公式にも非公式にも日本に送り込まれており、彼らは日本から、政府や防衛機関の機密情報や、企業が持つ知的財産を盗むべく虎視眈々《こしたんたん》と狙っている。さらに政界や財界にも影響力を及ぼすための工作にも勤しんでいて、私の取材でも、彼らが多方面で悠々と活動していることはわかっている。さらに最近では、パソコンやスマホ、デジタル機器を駆使して、サイバー空間上でのハッキングによる情報窃取《せっしゅ》や、サイバー攻撃による妨害攻撃も国を挙げて組織的に実施している。

そんな事情から、日本政府も最近になってやっと重い腰を上げた。2022年8月には経済安全保障推進法が施行され、同年12月には安保三文書（国家安全保障戦略、国家防衛戦略、防衛力整備計画）を閣議決定。またサイバーセキュリティ対策や人員について次々と強化を進めている。

それでも、日本国内で暗躍する中国やロシアによるスパイ被害のニュースは頻繁に表面化している。2023年8月には防衛省の機密情報網に中国人民解放軍のスパイが入り込んでいるというアメリカ政府や情報機関による暴露が報じられているし、また同月に日本のサイバーセキュリティの取りまとめ的な役割を期待されてきた内閣サイバーセキュリティセンター（NISC）も、内部からメール情報が流出した可能性が明らかになっている。NISCのケースも、背後にはスパイ工作をする中国政府系ハッカー集団がいると、FBIが結論づけている。

日本にいるスパイをめぐって、事態は深刻度を増しているといえる。しかも本書でも言及がある通り、スパイ活動防止法の制定も対外情報機関の設立も議論にすら至っていない。経済安保対策のみならず、国を挙げたスパイ対策はもはや待ったなしのところまで来ているにもかかわらず、である。

もともと勝丸氏とは人を介して知り合い、その後は、TV番組で共演したり、私が配信しているYouTubeチャンネルに登場してもらったこともある。勝丸氏とはこれまでカメラの回っていないところで、表立っては明かせないような日本のスパイ状況についていろいろと話をしてきたが、本書ではそうした内容もできる限り盛り込んでいる。今回かなり踏み込んだ情報を勝丸氏が明らかにした理由のひとつは、やはり現在、日本が外国人スパイにやられっぱなしの状態であり、きちんとした対応なしには日本の安全は守られないと実感しているからに他ならない。

貴重なスパイの実録である本書から、日本にいるスパイの姿を少しでも感じてもらえれば、日本が置かれた状況の深刻さがわかるはずだ。スパイの存在と活動を知って、正しく恐れることが大事なのである。それが、世界から何周も遅れている日本のスパイ対策の改善に向けて国民の意識を高めていくことにつながると信じている。

山田敏弘

著者

勝丸円覚（かつまる・えんかく）

1990年代半ばに警視庁に入庁し、2000年代はじめから公安・外事分野での経験を積んだ。数年前に退職し、現在は国内外でセキュリティコンサルタントとして活動している。TBS系日曜劇場『VIVANT』では公安監修を務めている。著書に、『警視庁公安部外事課』（光文社）がある。

構成

山田敏弘（やまだ・としひろ）

国際ジャーナリスト。ロイター通信社、ニューズウィーク誌、MIT（米マサチューセッツ工科大学）フルブライト・フェローを経てフリーに。著書に、『CIAスパイ養成官』（新潮社）、『サイバー戦争の今』（ベスト新書）、『世界のスパイから喰いモノにされる日本』（講談社＋α新書）など多数。

装幀…岡孝治
カバー写真…rami_hakala / Viktor Gladkov / shutterstock.com
DTP…株式会社千秋社
校正…有限会社くすのき舎

諜《ちょう》・無法地帯《むほうちたい》　暗躍《あんやく》するスパイたち

2023年12月3日　初版第１刷発行
2023年12月15日　初版第２刷発行

著　者……………勝丸円覚《かつまるえんかく》
構　成……………山田敏弘《やまだとしひろ》
発行者……………岩野裕一
発行所……………株式会社実業之日本社
〒107-0062
東京都港区南青山6-6-22 emergence 2
電話（編集）03-6809-0473
（販売）03-6809-0495
https://www.j-n.co.jp/
印刷・製本…………大日本印刷株式会社

ISBN978-4-408-65062-3（第二書籍）